Procreate
室内设计手绘实训教程

周贤 编著

U0377225

人民邮电出版社

北京

图书在版编目（CIP）数据

Procreate室内设计手绘实训教程 / 周贤编著. --
北京 ： 人民邮电出版社，2023.7
ISBN 978-7-115-61364-6

Ⅰ．①P… Ⅱ．①周… Ⅲ．①室内装饰设计—计算机
辅助设计—教材 Ⅳ．①TU238.2-39

中国国家版本馆CIP数据核字（2023）第107902号

内 容 提 要

这是一本介绍 Procreate 室内设计手绘实用技法和思路的教程，希望能引导初学者快速踏入室内设计手绘领域。

本书内容包含 Procreate 的软件工具介绍和室内设计手绘的核心技法，以"实际工作用什么，就重点讲什么"为宗旨，着重讲解室内设计中的透视、造型、材质、灯光、构图等实用知识和技巧，力求让读者快速掌握室内设计手绘的绘画逻辑和表现技法。

本书适合作为院校和培训机构艺术设计相关专业的教材，也可以作为室内设计手绘自学人员的参考书。

◆ 编　著　　周　贤
　　责任编辑　　张丹丹
　　责任印制　　马振武

◆ 人民邮电出版社出版发行　　北京市丰台区成寿寺路 11 号
　　邮编　100164　　电子邮件　315@ptpress.com.cn
　　网址　http://www.ptpress.com.cn
　　北京瑞禾彩色印刷有限公司印刷

◆ 开本：787×1092　1/16
　　印张：11.25　　　　　　　　2023 年 7 月第 1 版
　　字数：365 千字　　　　　　2023 年 7 月北京第 1 次印刷

定价：79.90 元

读者服务热线：(010)81055410　印装质量热线：(010)81055316
反盗版热线：(010)81055315
广告经营许可证：京东市监广登字 20170147 号

案例训练：桌椅　　　　　　　　　　　　70页

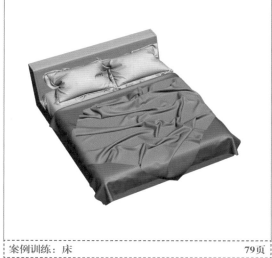

案例训练：床　　　　　　　　　　　　79页

6.4 室内设计手绘流程

7.2.1 卧室毛坯房设计   159页

7.2.2 阳台改建设计   166页

7.2.3 咖啡厅改建设计   172页

了解室内设计行业的概况及Procreate在室内设计中的作用对于学习室内设计手绘是相当重要的，这可为后续学习本书内容打下一定的基础。

一、室内设计行业介绍

从事室内设计行业需要掌握一些基本技能和常用软件，这是进入室内设计行业需要具备的基础条件。

» 从事室内设计需要具备的技能

一些新手设计师对室内设计行业的认知不够全面，认为进入设计公司后就可以为客户设计房子，然而在成为专业的设计师前还需具备一定的前置技能。笔者将这些前置技能分为3类，即脑的技能、手的技能、嘴的技能。

脑的技能：掌握基础的美术知识、施工知识、软硬装知识及各类室内设计风格等，总的来说就是一切与室内设计相关的理论知识。对于一些刚入行的设计师来说，这些技能是不完全具备的，大多是在入行后慢慢补充和提升的。

手的技能：其核心是绘图，包括手绘能力和计算机绘图能力。手的技能十分重要，优秀的设计图能让客户直观地了解设计方案和想法，有利于提升签单数量。

嘴的技能：简单来说就是沟通能力，能够做到与客户无障碍交流。有些新手设计师常用一些深奥的专业术语与客户交谈，导致整个交流过程变得复杂，这是不太适合的。

如果具备了这3类技能，那么成为一名优秀的专业设计师将指日可待。如果只擅长其中一类技能，那么可以与团队成员相互配合，取长补短，发挥自身的优势。

» 室内设计常用软件

室内设计师在绘制不同的设计图时运用的软件也不相同，以下是制作不同的设计图需要使用的软件。

施工图：一般使用AutoCAD或天正CAD制作，其中AutoCAD的使用频率更高。

效果图：较为常用的是3ds Max和SketchUp，其中3ds Max出图效果更好，SketchUp出图速度更快。

彩平图：通常使用Photoshop制作，同时还能在效果图的基础上做一些后期调整。

以上是固定办公场所常用到的软件，在移动办公时，可以使用Procreate现场绘图，方便客户随时查看设计效果图。

通过上述介绍，部分新手设计师也许会担心因技能不足而无法入行，笔者建议新手设计师可以先掌握一项技能，以此为突破口入行，再补齐其他方面的技能。这里推荐3个优先学习的软件，如果读者擅长数学、物理等，建议先学习AutoCAD；如果读者喜欢计算机制图，建议先学习3ds Max；如果读者喜欢传统手绘，并且擅长与人交流，建议先学习Procreate。

二、Procreate在室内设计中所扮演的角色

从事室内设计工作之前，需了解工作流程和使用Procreate办公的优势和意义，以及学习Procreate的方向和建议。

» 室内设计的工作流程

一般室内设计工作大致可以按照"与客户进行初步交谈→上门量房出平面图→确定初步方案→客户交订金→绘制效果图→签约→绘制施工图→施工"的流程进行。注意，不同公司的工作流程存在着一定的差异，例如，有些公司免收订金或可以直接绘制效果图等。

» Procreate办公的优势和意义

室内设计工作流程中有一个关键的环节是绘制效果图，效果图能直观地展示房屋装修后的样貌，大部分客户也是在确定效果图之后签约的。目前做室内效果图的常用软件是3ds Max，该软件修改方案方便快捷，效果图较为写实，客户接受程度高。

那么，为什么还要使用Procreate来绘制室内效果图呢？其优势在于移动办公。大部分设计师上门量完房后，需要先回到公司绘制平面图，然后构思方案，接着拿出一些参考图或简单的手绘稿与客户沟通（在没有交订金的情况下，设计师一般不会绘制效果图，这样可以有效避免产生额外的成本），这样的沟通效率低，客户体验差。

Procreate的核心优势并不是绘制出完美的效果图，而是在上门量房阶段就快速地将设计想法绘制出来并与客户商讨。在交谈的过程中将客户提出的想法快速地绘制出来，既体现了设计师的专业性，又体现了负责任的态度，还可以提高沟通效率。

» Procreate的学习方向和建议

Procreate操作简单、功能完备，虽然其绘画功能没有Photoshop强大，但是对于室内设计来说有着较强的透视辅助功能和便于移动办公的优点。

那么该如何学习Procreate呢？建议先进行系统的学习，Procreate功能较少，操作简单快捷，很容易入门。当学习完全部功能后，就可以尝试绘制一些室内效果图了。至于专业的美术知识，如透视、素描、色彩等，需要在后期查漏补缺。

对于室内设计来说，设计师只需掌握基础的美术知识即可。例如，设计师在绘图时绘制了凳子的投影并计算了光源的距离，然而绝大多数客户并不懂得其中的意义所在。掌握了基础的美术知识后，还需要在设计风格、空间规划及人体工学等方面进行深入研究。

前言

目前，Procreate作为一款绘画软件，凭借使用方便、简单易学和功能全面等优势，被广泛应用于移动办公，得到了众多室内设计师的青睐。

很多初学者都会有一个疑问，那就是"没有美术基础能不能学用Procreate绘制室内设计草图"。答案是可以的。这也是本书的编写目的——让零基础"小白"学会且入行。

本书不仅介绍Procreate在室内设计手绘中的用法，还会对透视、构图、设计流程等知识进行细致讲解，让读者能高效地掌握Procreate室内设计手绘技巧。注意，对于室内设计手绘的学习，重要的不是Procreate的功能模块，而是绘画逻辑和设计流程。

本书的内容安排如下。

第1章 Procreate基础知识：介绍Procreate的操作方法和在室内手绘中的常用功能。

第2章 室内设计手绘中的透视原理：介绍使用Procreate在室内设计手绘中如何应用透视原理。

第3章 单体模型的绘制方法：介绍单体模型的绘制方法和常规家具、家电模型的绘制技巧。

第4章 材质绘制技法：介绍材质系统的原理和常见室内材质绘制方法。

第5章 光效绘制技法：介绍光效的绘制方法和投影的表现方法。

第6章 室内设计手绘空间构图和流程：介绍室内设计的空间构图和室内设计手绘的整体流程。

第7章 室内设计手绘商业实训：通过一个完整的案例展现商业室内设计手绘的流程。

感谢所有读者的认可，感谢人民邮电出版社数艺设的认可和支持。最后要特别感谢一个人——江碧云，感谢你一直以来对我的支持。

编者
2023年1月

本书由"数艺设"出品,"数艺设"社区平台(www.shuyishe.com)为您提供后续服务。

配套资源

在线视频:全书所有案例的详细讲解视频
实例效果源文件:全书所有案例的源文件
教师专享:7个教学PPT课件

资源获取请扫码

(提示:微信扫描二维码关注公众号后,输入51页左下角的5位数字,获得资源获取帮助。)

"数艺设"社区平台,为艺术设计从业者提供专业的教育产品。

与我们联系

我们的联系邮箱是 szys@ptpress.com.cn。如果您对本书有任何疑问或建议,请您发邮件给我们,并请在邮件标题中注明本书书名及ISBN,以便我们更高效地做出反馈。

如果您有兴趣出版图书、录制教学课程,或者参与技术审校等工作,可以发邮件给我们。如果学校、培训机构或企业想批量购买本书或"数艺设"出版的其他图书,也可以发邮件联系我们。

关于"数艺设"

人民邮电出版社有限公司旗下品牌"数艺设",专注于专业艺术设计类图书出版,为艺术设计从业者提供专业的图书、视频电子书、课程等教育产品。出版领域涉及平面、三维、影视、摄影与后期等数字艺术门类,字体设计、品牌设计、色彩设计等设计理论与应用门类,UI设计、电商设计、新媒体设计、游戏设计、交互设计、原型设计等互联网设计门类,环艺设计手绘、插画设计手绘、工业设计手绘等设计手绘门类。更多服务请访问"数艺设"社区平台www.shuyishe.com。我们将提供及时、准确、专业的学习服务。

第 **1** 章

Procreate基础知识 11

第 **2** 章

室内设计手绘中的透视原理 ... 43

第 **3** 章

单体模型的绘制技法 57

目录 CONTENTS

第 **1** 章

Procreate基础知识

本章讲解 Procreate 的常用功能，包括工作界面、常用操作以及绘画工具和调整工具的使用方法。

本章学习重点

▶ Procreate 界面与操作手势

▶ 常用操作

▶ 绘画功能

▶ 调整功能

1.1 Procreate界面与操作手势

Procreate的工作界面及操作手势较为简单，熟练掌握操作方法，有助于提升绘图效率。

1.1.1 认识工作界面

Procreate的工作界面简洁实用，绘画的核心功能都可以方便地找到，如图1-1所示。

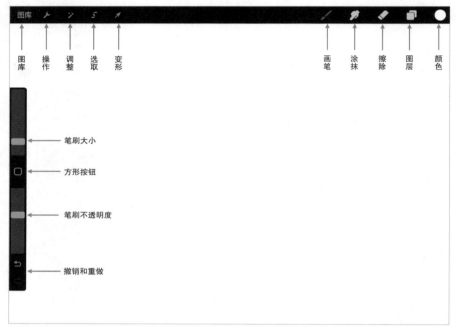

图1-1

界面功能介绍

图库：用于文档整理。

操作：简单来说就是系统设置，Procreate的所有功能都包含在其中。

调整：用于调整画面的色彩、亮度等。

选取：用于创建选区。例如，同一图层中有多个图形，如果要对某个图形进行移动、旋转等，那么可以使用"选取"工具 *S* 选择图形。

变形：用于对图形执行移动、旋转、缩放等操作。

画笔：Procreate自带笔刷。

涂抹：是板绘中常用的功能，相当于手绘中的涂抹颜料。

擦除：即橡皮擦。

图层：可以简单地理解为手绘时使用的画纸。可以创建多个图层，将不同的对象绘制在不同的图层中。

颜色：就是调色板，可以选择笔刷的颜色。

笔刷大小：即笔头的大小。

方形按钮：相当于某一个功能的快捷键，本书后续会把它设置成"绘图指引"快捷键。

笔刷不透明度：可以控制绘制的图形是否具有透明效果。

撤销和重做：用于撤销已执行的操作和重做已撤销的操作。

可以将Procreate的功能划分为4类，如图1-2所示。1号区域相当于软件的系统设置部分，用于管理文件、设置软件、导入或导出文件等；2号区域为修图专用区，有"调整"工具、"选取"工具和"变形"工具；3号区域为绘图工具区，有"画笔"工具、"涂抹"工具、"擦除"工具、"图层"工具和"颜色"工具；4号区域主要用于调整画笔的大小和"不透明度"，以及撤销和重做操作。

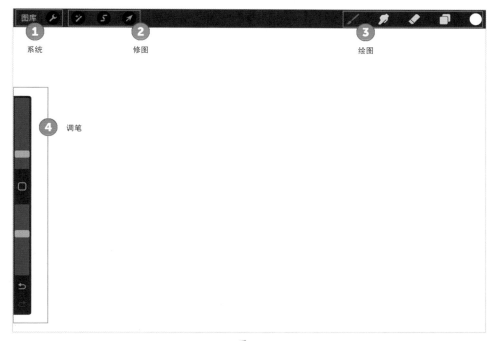

图1-2

1.1.2 Procreate的操作手势

在iPad上绘画时除了要灵活运用Apple Pencil外，基本的操作手势也要熟练掌握，接下来介绍常用的操作手势。

1. 吸色

用一根手指长按屏幕，会出现吸色的光标，移动吸色光标至想要吸取的颜色处即可完成吸色。

01 此时颜色默认为白色，如图1-3所示。使用一根手指长按屏幕，如图1-4所示。

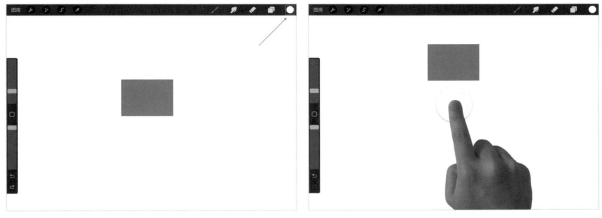

图1-3   图1-4

02 将光标移动至红色矩形处，此时光标的上半部分变成了红色（光标下半圆为原颜色，上半圆为吸取的颜色），如图1-5所示。

03 松开手指，即可成功吸取到红色，如图1-6所示。

 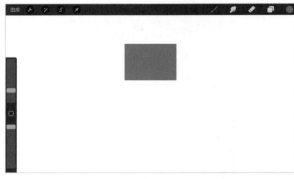

图1-5　　　　　　　　　　　　　　　　　　　　图1-6

2. 缩放画布

用两根手指按住屏幕，向外扩张为放大画布，向内收缩为缩小画布，如图1-7和图1-8所示。

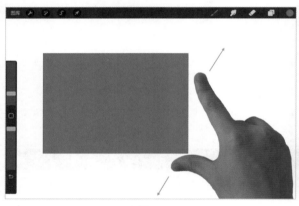 

图1-7　　　　　　　　　　　　　　　　　　　　图1-8

3. 撤销和重做

用两根手指点击一下屏幕即可撤销操作（回到上一步操作），此时画布上方会显示"撤销 变换"，如图1-9所示。用3根手指点击一下屏幕即可重做操作，此时画布上方会显示"重做 变换"，如图1-10所示。

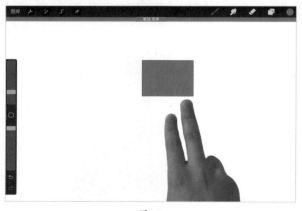 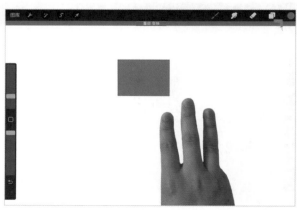

图1-9　　　　　　　　　　　　　　　　　　　　图1-10

4. 旋转画布

用两根手指按住屏幕并旋转即可旋转画布，如图1-11所示。

5. 清除图层

用3根手指按住屏幕左右移动即可清除当前图层中的所有图形，此时画布上方会显示"图层已清除"，如图1-12所示。

图1-11

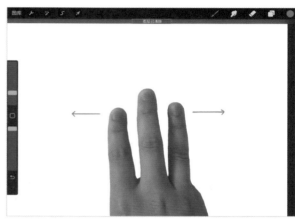

图1-12

6. 快速调出复制粘贴菜单

使用3根手指向下滑动，即可调出"拷贝并粘贴"菜单，如图1-13所示。

7. 全屏模式

用4根手指点击屏幕即可进入全屏模式，如图1-14所示，再次点击即可退出全屏模式。

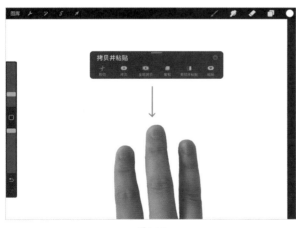

图1-13

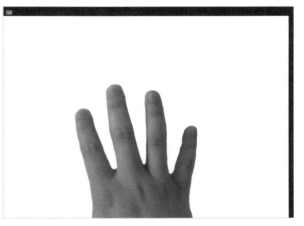

图1-14

8. 返回桌面

用5根手指触碰屏幕并做一个五指收拢的手势，即可返回iPad桌面，相当于Home键。

1.2 常用操作

本节内容有软件偏好设置、图库功能及导入素材，这些是正式学习室内设计手绘的前提条件。

1.2.1 软件偏好设置

01 点击"操作"工具，进入"操作"面板，如图1-15所示。其中大多数功能与常规软件没有太大的区别，读者可以自行尝试了解。

02 点击"偏好设置"，此时"操作"面板如图1-16所示。在该面板中可以设置界面颜色、笔的压感等，一般保持默认设置即可，后续可以根据工作需要单独进行设置。

03 点击"手势控制"，进入"手势控制"面板，如图1-17所示。前面已经介绍了基础的手势操作，在这个面板中可以设置更多的手势。

图1-15

图1-16

图1-17

04 选择"常规"，建议开启"禁用触摸操作"，防止手指划过屏幕时绘制出多余的线条和图形，如图1-18所示。

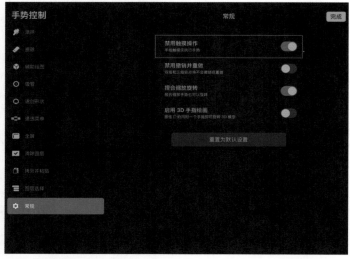

图1-18

📝 **提示**

图1-19所示的界面中有一个方形按钮，这个按钮默认状态下没有任何功能，进入"手势控制"面板可以激活这个按钮。

图1-19

05 "手势控制"面板中的部分功能与方形按钮■存在着一定的联系，如"吸管""速创形状""速选菜单"等。当选中"吸管"工具◎时，就会出现相应的手势设置，其中一些手势操作需要搭配方形按钮■使用，如图1-20所示。

图1-20

06 建议将方形按钮■设置为"绘图助理"，如图1-21所示。设置完成后，当没有打开"绘图助理"时，Apple Pencil是正常的绘画状态，当点击方形按钮■打开"绘图助理"后，用Apple Pencil绘制出来的线是直线。利用"绘图助理"可以切换绘图效果。

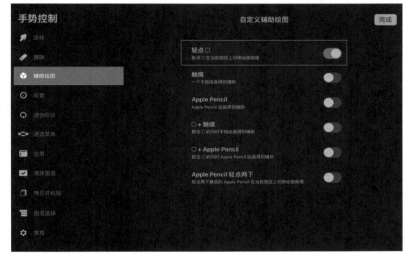

图1-21

1.2.2 图库功能

01 点击"图库"，即可进入Procreate图库，如图1-22所示。

图1-22

02 点击右上角的➕按钮，即可新建画布，如图1-23所示。"新建画布"对话框中有一些常见尺寸，如"屏幕尺寸""正方形""4K"等。如果有特殊的尺寸需求，那么可以自定义画布，点击"新建画布"对话框右上角的按钮即可，如图1-24所示。

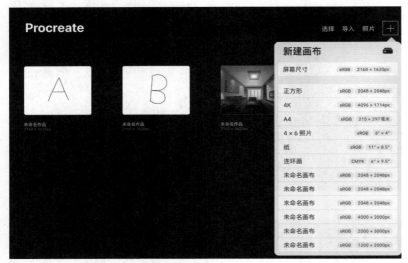

图1-23   图1-24

›

📝 提示 --

图1-25所示为"自定义画布"面板，这里有两点注意事项。

第1点：如果要将作品打印出来，那么DPI参数值一般设置为300；如果只用于查看或网络宣传，建议将DPI设置为96。

第2点："自定义画布"面板中的"最大图层数"是指可创建图层数量的上限，"最大图层数"参数是固定的，不可调整。如果将"宽度"设置为1000px，"最大图层数"就会变成130，如图1-26所示。简单来说就是画布的分辨率越高，可创建的图层数量就越少。

图层数量的上限与iPad的配置有关，当iPad配置比较低时，能够创建的图层数量就较少。

图1-25

图1-26

03 回到图库界面，右上角还有"选择""导入""照片"3个功能，"导入"和"照片"即导入文档和图片。在Procreate中可以导入PSD文档，因此可以和Photoshop相互协作。点击"选择"，此时每个文档名称前面都出现了一个"○"，表示文档处于可选择状态，如图1-27所示。

图1-27

04 勾选A和B两个字母所在的文档，然后点击右上方的"堆"，如图1-28所示。此时A和B两个独立的文档就放在了同一个文件夹中，如图1-29所示。

图1-28

图1-29

1.2.3 导入素材

一些新手设计师可能会认为室内设计手绘是直接上手绘制，无须导入素材。这里纠正一个观念，笔者说的导入素材并不是指将他人绘制好的素材直接复制并粘贴使用。

室内设计中的素材是在平时的练习、学习中整理和归纳出来的，即练习时自己绘制的素材。例如，陪同客户去看家具，客户对某个家具情有独钟，此时就得到了一个信息，这种款式的家具是客户喜欢的。在空闲时间可以绘制下来，日积月累，素材库的积累量会越来越多，这是从网络上下载素材图片所不能比拟的。

手绘素材与三维模型不同，一个角度的素材只能应用在场景中的某一个角度，在归纳素材集时可准备多个角度的素材图，方便后期使用。了解了素材，接下来讲解如何导入素材。

01 点击"操作"工具，选择"添加"工具。此时界面中有"插入文件"和"插入照片"两个选项，如图1-30所示。

02 "插入文件"即导入文档类型的文件，如PSD和PDF文件。"插入照片"即导入常规图片格式的素材，此处建议将整理的素材都保存为PNG格式，PNG格式的图片背景是透明的，方便后续绘制使用。通常绘制完素材图后，点击"分享"工具，然后选择"分享图像"，即可导出PNG格式的素材图，如图1-31所示。导出的图片可以保存在文档中，也可以单独以图片形式保存，也就是说"插入文件"和"插入照片"都可以导入PNG格式的素材。

图1-30

图1-31

1.3 绘画功能

在绘画过程中需要用到一些常用工具，包括"画笔"工具、"图层"工具、调色板及绘图辅助等。

1.3.1 画笔

01 点击"画笔"工具 ✐，当"画笔"工具 ✐ 变成蓝色时即可在画布上进行绘制，如图1-32所示。再次点击"画笔"工具 ✐，会弹出"画笔库"，如图1-33所示。"画笔库"左侧一列为大类型，右列为每个类型中的具体笔刷分类。

☑ **提示** --- >

Procreate中自带的画笔较多，建议新手先使用Procreate中默认的画笔，熟悉之后再收集适合自己的画笔。

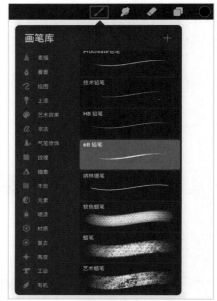

图1-32　　　　　　　　　　　　　　　图1-33

02 点击"画笔库"右上角的 ✚ 按钮，如图1-34所示，进入"画笔工作室"面板，点击右上角的"导入"，即可导入外部的笔刷，如图1-35所示。

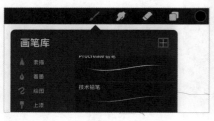

图1-34

图1-35

03 "涂抹"工具 ✐ 和"擦除"工具 ✐ 都需要选择画笔后才可以使用，这里演示一下"涂抹"工具 ✐ 的使用方法。用"硬气笔"绘制两个不同颜色的图形，可以看出图形边缘较锐利，如图1-36所示。

04 如果需要使这两个颜色有过渡效果，那么可以选择"涂抹"工具 ✐，用"硬气笔"在两个图形之间进行涂抹，效果如图1-37所示。

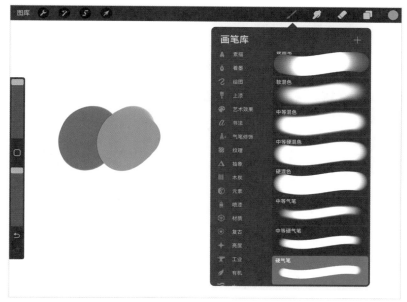

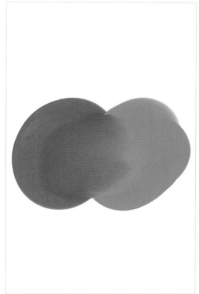

图1-36

图1-37

1.3.2 图层

图层是Procreate中的重点功能，首先理解一下图层的概念。

01 点击"图层"工具，弹出"图层"面板，如图1-38所示。

02 默认情况下，Procreate的图层列表中至少会有两个图层，一个为背景图层，另一个图层是空的。点击"图层"面板右上角的➕按钮，即可新建图层，如图1-39所示。

03 图1-39中有两个空白图层和一个白色的背景图层"背景颜色"，背景图层在底部。首先在"图层1"中绘制一个绿色的图形，如图1-40所示。由于图层之间是从上往下的遮挡关系，因此可以看到"图层1"中的绿色图形将"背景颜色"图层中的白色背景遮挡了。

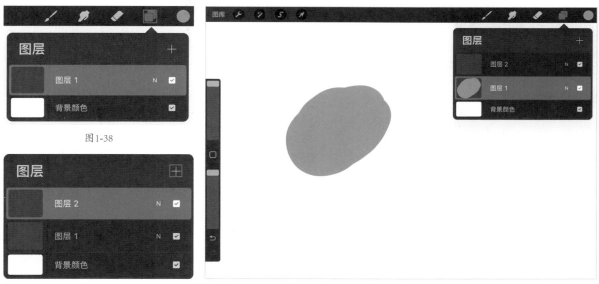

图1-38

图1-39

图1-40

04 在"图层2"中绘制一个红色图形，由于红色图形面积比绿色图形大，因此绿色图形被完全遮挡了，如图1-41所示。

05 将红色图形用"擦除"工具 ✎ 擦除一部分，绿色图形就显现出来了，如图1-42所示。日常工作中，要将不同的物体在不同的图层上绘制，方便后期修改和处理物体的遮挡关系。例如，在一个图层中绘制一个苹果，在另一个图层中绘制一个杯子，当需要用苹果遮挡杯子或用杯子遮挡苹果时，直接调整图层的上下关系即可。

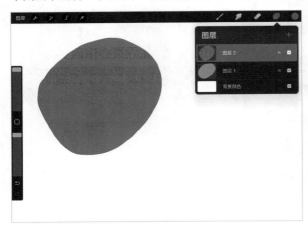

图1-41

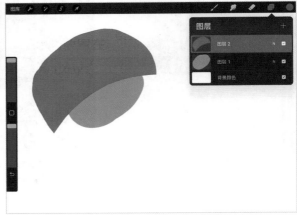

图1-42

接下来讲解图层的基本应用，继续以上述图形为例。

1. 移动图层

长按"图层1"的名称栏，此时"图层1"为选中状态，然后拖曳"图层1"至"图层2"的上方，如图1-43所示。完成操作后移开即可，效果如图1-44所示。此时图层的遮挡关系就发生了改变，绿色图形遮住了红色图形的局部区域。

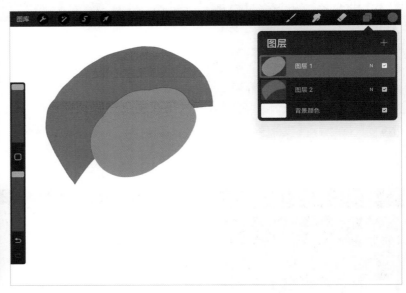

图1-44

图1-43

需要注意，这里是将"图层1"移动至"图层2"的上方，而非移动至"图层2"中形成一个组。如果将"图层1"移动至"图层2"中，"图层2"的缩略图会以蓝色边框显示，如图1-45所示。形成一个组后，"图层"面板中会出现"新建组"，如图1-46所示。遇到多元素或多图层的情况时可进行分组管理。

图1-45

图1-46

2. 锁定图层

按住图层并向左拖曳，此时会出现3个功能，即"锁定""复制""删除"，如图1-47所示。点击"锁定"后，当前图层就不能做任何操作了。"锁定"可用于锁定辅助图层，当一个图层专门用于绘制辅助线时，锁定该图层后可以防止其他图形与辅助线相交，避免不必要的麻烦。

"复制"和"删除"是比较常规的功能，就不展开讲述了。需要补充一点，当图层列表中只剩下两个图层时，点击"删除"后系统只会清除当前图层中的内容，而不会删除图层。

3. 显示图层

每个图层名称右侧都有一个正方形按钮☑，勾选表示显示图层，取消勾选为隐藏图层，如图1-48所示。

图1-47　　　　　　　　　　图1-48

4. 剪辑蒙版

01 在"图层1"中绘制一个图形，如图1-49所示。如果需要为该图形赋予相应的材质，通常的绘制方法是放大画布，沿着图形轮廓仔细涂抹，这种方式复杂且效率不高，而"剪辑蒙版"能快速高效地解决该问题。新建一个图层即"图层2"，用绿色的画笔任意绘制，如图1-50所示。

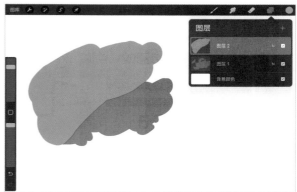

图1-49　　　　　　　　　　　　　图1-50

02 点击"图层2"，"图层"面板左侧会出现选项列表，如图1-51所示。选择"剪辑蒙版"，此时效果如图1-52所示。"图层2"缩略图的左侧会出现一个指向"图层1"的箭头，表明"剪辑蒙版"创建成功。此时可以看到画布中超出红色图形范围外的绿色图形消失了，也就是说，创建"剪辑蒙版"后，在"图层2"中绘制的任何图形都不会超出"图层1"中红色图形所在的范围。

图1-51　　　　　　　　　　　　　图1-52

03 取消"剪辑蒙版"。点击"图层2",在弹出的选项中,"剪辑蒙版"的后方有一个☑,如图1-53所示,点击这个☑即可取消已创建的"剪辑蒙版"。

图1-53

✅ 提示 --- ＞

"阿尔法锁定"与"剪辑蒙版"属于同一类功能,"剪辑蒙版"需要在目标图层上方新建一个图层,而"阿尔法锁定"不需要新建图层,在原图层中操作即可。回到"图层1"并点击该图层,选择"阿尔法锁定",如图1-54所示。

图1-54

此时可以看到"图层1"缩略图中的图形背景变成了黑、灰色交替排列的方格,此时用绿色笔刷涂抹时仅在红色区域内有效,如图1-55所示。

既然"剪辑蒙版"和"阿尔法锁定"功能相似,那么具体如何区分呢?一般来说,用于大面积上色时使用"剪辑蒙版",用于修改线稿颜色时使用"阿尔法锁定"。

图1-55

5. 图层模式

01 导入一张PNG格式的植物素材图片，如图1-56所示。如果想要灯光照射到植物的效果，通常有两种方法。第1种方法是直接在素材图上绘制光效，这对于新手来说需要较强的绘画技巧，且效率不高。第2种方法是使用图层叠加效果。

02 新建一个图层，即"图层2"，位于"图层1"的上方，在"图层2"中创建"剪辑蒙版"，如图1-57所示。

图1-56

图1-57

03 植物素材图片的背景是透明的，其色彩范围仅在植物本身。选一个适合做灯光效果的笔刷，例如"气笔修饰"中的"软画笔"，如图1-58所示。该画笔具有边缘衰减的效果，可以模拟灯光。

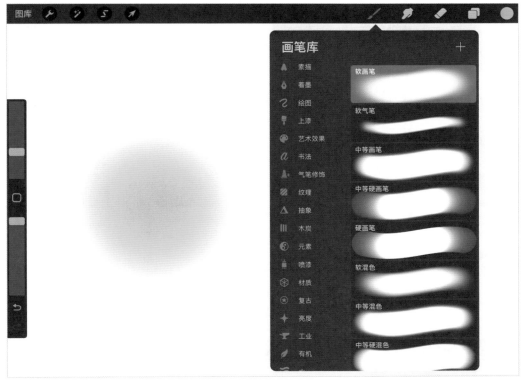

图1-58

04 选择偏暖色系的颜色在植物上进行涂抹，可以发现植物原本的颜色被覆盖了，效果如图1-59所示。点击"图层2"右侧的"N"（正常图层模式的符号）时会出现下拉列表，其中有多种图层模式可供选择，如图1-60所示。

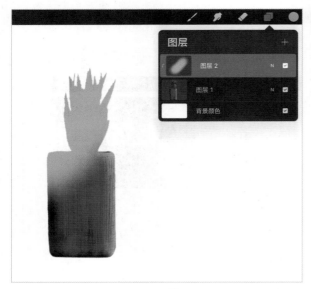

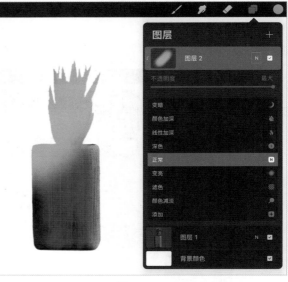

图1-59　　　　　　　　　　　　　　　　　　　　图1-60

05 选择"颜色减淡"模式，效果如图1-61所示。选择"正片叠底"模式，效果如图1-62所示。"颜色减淡"模式类似阳光照射的效果，"正片叠底"模式可以调节光照强度，使之变暗。

图1-61　　　　　　　　　　　　　　　　　　　　图1-62

 提示 --

　　图层模式除了应用在光效上，还可以应用于各种画面中，可以通俗地理解为滤镜。如果某些图层效果过于强烈，那么可以降低该图层的"不透明度"，使画面效果更加和谐。

1.3.3 调色板

　　点击顶部菜单栏右端"颜色"工具◑，打开"颜色"面板，如图1-63所示。Procreate中有5种颜色模式，即

"色盘""经典""色彩调和""值""调色板"。笔者建议新手使用"经典"模式，使用熟练后可以切换为"值"模式，其他模式了解即可。

"经典"模式可以调节HSB值，也就是色相、饱和度和亮度，如图1-64所示。"值"模式下的"颜色"面板如图1-65所示，直接设置HSB值和RGB值，可以实现精准选色。

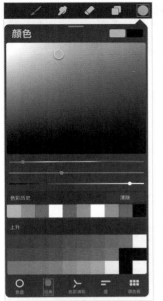
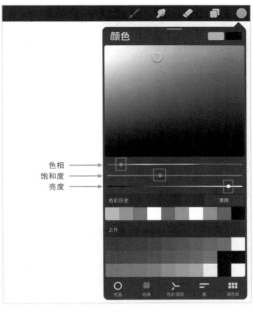
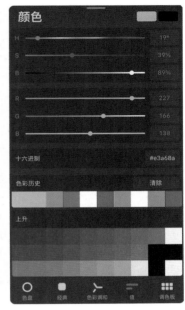

色相
饱和度
亮度

图1-63　　　　　　　　　　图1-64　　　　　　　　　　图1-65

"色盘"是纯靠目测选色的一个模式，不建议使用。"色彩调和"模式可用于选择互补色，不经常使用。"调色板"即色卡，Procreate中有系统色卡，也可以自行从网上下载色卡，不建议初学者直接使用色卡。

1.3.4 绘图辅助

01 新建一个文档，点击"操作"工具，然后选择"画布"，接着打开"绘图指引"，如图1-66所示。

02 此时画布上出现了一些网格线，即绘图辅助线，默认情况下为"2D网格"。开启"绘图指引"后，可参照这些辅助线绘制图形，且绘制出的线条都是直的，如图1-67所示。

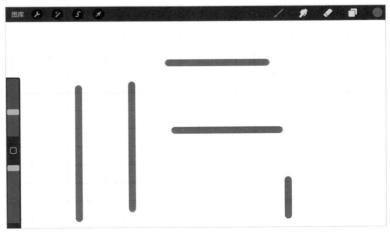

图1-66　　　　　　　　　　图1-67

03 如果想绘制自由线条，可以点击"绘图指引"下方的"编辑绘图指引"，如图1-68所示。进入"绘图指引"对话框，关闭右下角的"辅助绘图"即可恢复为自由绘画模式，如图1-69所示。后续打开或关闭"辅助绘图"点击方形按钮■即可，如果未将方形按钮■设置为"辅助绘图"的开关键，那么后续切换直线和自由线条时都需要进入"绘图指引"对话框进行切换，过程烦琐且影响效率。

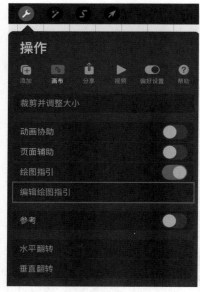

图1-68

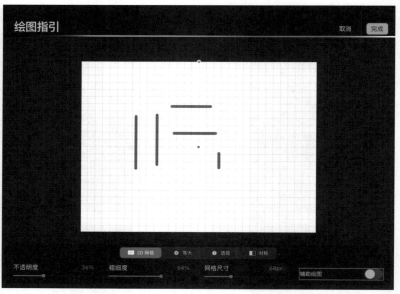

图1-69

04 "绘图指引"中的基本设置包括"不透明度""粗细度""网格尺寸""颜色"，都是用于调整辅助线的。其中"不透明度""粗细度""网格尺寸"在对话框下方，"颜色"在对话框上方，如图1-70所示。

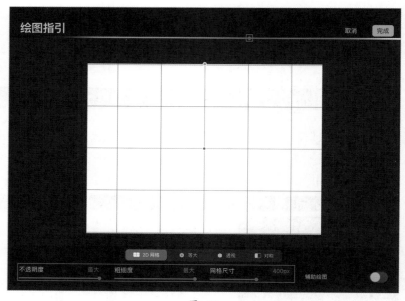

图1-70

注意，调整完下方的参数，在点击右上方的"完成"时，容易点击到颜色条，很容易将辅助线颜色设置为白色，如图1-71所示，这会导致辅助线与白色画布融为一体。

图1-71

05 辅助线的类型有4种："2D网格""等大""透视""对称"，默认状态下为"2D网格"，如图1-72所示。"2D网格"适合用于绘制平面图，可以作为尺寸的参考标准。

06 "等大"模式下的辅助线为等边三角形网格，如图1-73所示。这个模式可以用于绘制一些高精度的物体，如机械产品。

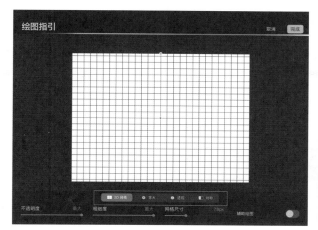
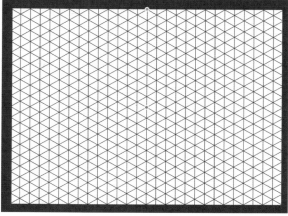

图1-72 图1-73

07 "对称"模式的画布中间有一根对称轴，如图1-74所示。当在对称轴的一侧绘制图形时，另一侧会自动生成镜像图形。点击对话框右下方的"选项"，可以选择镜像类型，如图1-75所示。

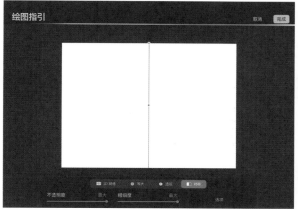

图1-74 图1-75

08 "透视"模式较为重要，后续章节中会单独进行讲解。不管在哪一种模式下，都能看到一个绿色的点和一个蓝色的点，如图1-76所示。移动蓝色的点可以平移辅助线，移动绿色的点可以旋转辅助线，如图1-77和图1-78所示。

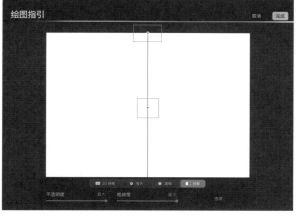

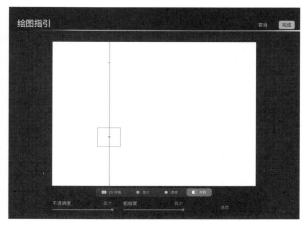

图1-76 图1-77

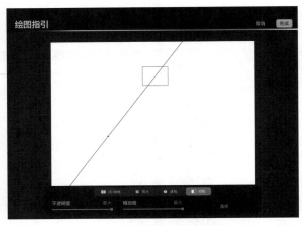

图1-78

1.4 调整功能

Procreate的调整功能较为强大，既可以调整图像效果，又可以调整物体的形状，需要重点学习。

1.4.1 效果调整

点击"调整"工具 ，"调整"面板如图1-79所示。"调整"工具相当于一个小型的Photoshop，既拥有简单的绘画功能，又拥有强大的修改功能，下面介绍一些常用的工具。

图1-79

1. 色相、饱和度、亮度

01 将一个植物素材图片放置在单独的图层中，如图1-80所示。点击"调整"工具 ，然后选择"色相、饱和度、亮度"，如图1-81所示。

图1-80

图1-81

02 "色相""饱和度""亮度"都可以单独调整，操作时需要注意，默认情况下是对整个图层进行调整，例如设置"亮度"为35%时，整个植物都会变暗，如图1-82所示。

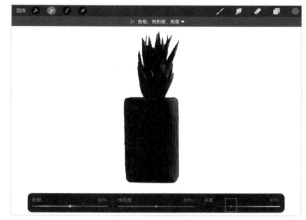

图1-82

03 除了调整整个图层外，还可以调整局部区域，点击界面上方的"色相、饱和度、亮度"时会弹出两个选项，即"图层""Pencil"，如图1-83所示。

04 选择"Pencil"后，就可以手动选择想要调整的部分。将"亮度"设置为35%后，在植物上方进行涂抹，效果如图1-84所示。

图1-83

图1-84

05 点击画布空白处，会弹出几个功能按钮，如图1-85所示。点击"撤销"可撤销上一步操作；点击"重置"可以返回至最初状态；点击"取消"可以直接退出本次调整；"预览"功能可用于对比图像调整前后的效果，长按"预览"，画面会回到调整前的状态，松开后又会变成调整后的状态，如图1-86所示。

图1-85

图1-86

06 设置"亮度"为35%，然后点击"应用"，"亮度"参数值变成了50%，如图1-87所示。需要注意，点击"应用"，就相当于重新确定初始值，且无法进行"撤销"和"重置"操作。要想回到最初效果，需要退出当前界面，然后用两根手指点击屏幕即可。

07 调整"色相"可以改变物体的颜色，如图1-88所示。由于花瓶是灰色的，灰色属于无色彩系，因此花瓶的颜色没有发生改变。"饱和度"可以控制颜色的纯度，可以通俗地理解为颜色的深浅。

图1-87

图1-88

08 将"饱和度"设置到"最大"，此时叶子颜色的纯度提高了，如图1-89所示。如果觉得纯度还不够高，但"饱和度"已经调至"最大"了，那么可以点击空白处，在弹出的功能按钮中点击"应用"，将"饱和度"数值重置为50%，就可以继续调整了，如图1-90所示。

图1-89

图1-90

2. 颜色平衡

点击"颜色平衡"进入"颜色平衡"界面，如图1-91所示。点击右下角的▒图标可选择不同的模式，如图1-92所示。

"阴影"可以理解为暗部，"高亮区域"为亮部，"中间调"为亮部与暗部之间的过渡区域。如果想要使植物呈现出偏红的色彩效果，先将"青色-红色"滑块调到"红色"一端，然后选择"阴影"模式，效果如图1-93所示；选择"中间调"模式，效果如图1-94所示；选择"高亮区域"模式，效果如图1-95所示。"阴影"模式可用于调整色彩倾向，在室内设计中还可用于调整整体调性。

图1-91

图1-92

图1-93

图1-94

图1-95

3. 曲线

"曲线"界面如图1-96所示。"曲线"通俗来说就是用于调整画面整体亮度的，通过调整曲线节点控制亮度的变化。

当整体画面亮度不够高时，可以在曲线的中间添加一个节点（点击一下即可），然后将该节点向上移动，这时画面整体就亮了一些，如图1-97所示。注意，画面最暗处（曲线左下角的点）和最亮处（曲线右上角的点）没有发生变化。也就是说，这种调整方法不会破坏画面中最暗部和最亮部的关系。

图1-96

图1-97

反之，如果画面太亮了，就将控制点向下移动，效果如图1-98所示。如果想要删除节点，点击该点，会出现"删除"选项，即可删除控制点。

如果不在曲线中间添加节点去调整，而是直接调整曲线左右两端的点，会出现什么情况呢？将左下角的点向上移动（向上是变亮，向下是变暗），效果如图1-99所示。虽然画面整体变亮了，但画面中最暗部和最亮部的关系被破坏了。

图1-98

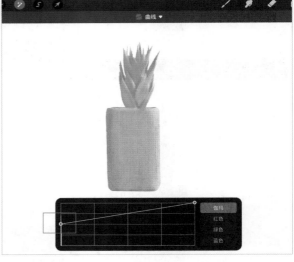

图1-99

4. 液化

"液化"界面如图1-100所示。"液化"可以理解为强制变形，将图像看作液体。"液化"中有7种变形方式，也可以理解为7种变形用的笔刷，如图1-101所示。此外，"重建"类似后退一步，是一个逆推的功能，可以一步一步后退到原始状态，"调整"可以对变形力度进行调整，"重置"可以直接返回变形前的状态。

图1-100

图1-101

此处用"推"来演示一下效果。选择"推",然后在花瓶的右侧从右往左绘制一笔,如图1-102所示。如果想要返回最初的状态,可以用"重建"一笔一笔地恢复或用"重置"直接返回变形前的状态。使用"调整"时可以通过调整"强度"的数量来观察变形的程度,如图1-103所示。

图1-102

图1-103

1.4.2 选区应用

点击"选取"工具 **5**,"选取"功能菜单如图1-104所示。Procreate中一共有4种选择模式,即"自动""手绘""矩形""椭圆",较为常用的是"手绘"和"矩形","手绘"就是自行绘制选区,"矩形"就是常规的矩形选区。

图1-104

01 点击"手绘",再点击"添加",圈选出想要选择的区域,如图1-105所示。绘制完成之后,起笔和收笔处有一个灰色的圆,点击即可闭合选区,如图1-106所示。

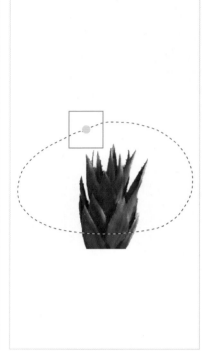

图1-105

图1-106

02 选区以外的区域会被一些浅色的斜线覆盖,如图1-107所示(由于浅色的斜线与背景颜色较为接近,因此笔者将背景颜色设置成了深灰色)。

03 确定选区后,后续进行的所有操作只在这个选区内有效,例如点击"调整"工具 ，调整"色相",此时选区以外的区域没有发生变化,效果如图1-108所示。

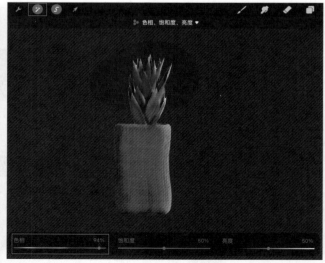

图1-107

图1-108

04 "移除"就是减掉多余选区。如果想要减少选区,可以圈选出多余的区域,如图1-109所示。选择完成之后点击"移除",即可将多余选区移除,效果如图1-110所示。

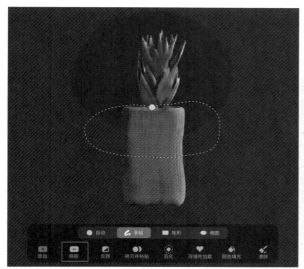

图1-109

图1-110

05 "反转"即反向选择区域。"拷贝并粘贴"就是将选中的区域复制并粘贴至新的图层中。用"矩形"框选花瓶的一部分,然后点击"拷贝并粘贴",如图1-111所示。

图1-111

06 打开"图层"面板,此时可以看到一个新图层"从选区",如图1-112所示。隐藏"图层1",即可看到复制出来的区域,如图1-113所示。

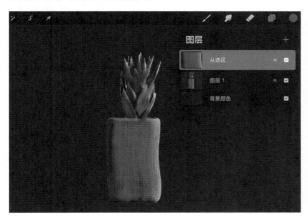

图1-112

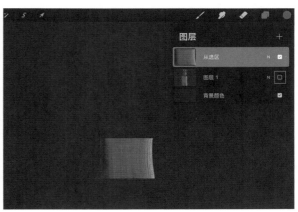

图1-113

07 "颜色填充"就是用颜色填充整个选区。"清除"就是清除选区。"羽化"可以调整边缘柔化强度。选区选择完后边缘较硬,"羽化"可以让选区边缘从硬边变成软边。用"矩形"选中图1-114所示的区域,现在选区的边缘是硬的,调整一下亮度,效果更加清晰,如图1-115所示。

图1-114

图1-115

08 由于选区的边缘是硬边,选区与选区外的区域被完全分开了,效果较为生硬,回到上一步操作,如图1-116所示。

09 点击"羽化",设置参数值,一边移动滑块一边观察选区的变化,参数值越大,选区扩散的范围就越大,边缘也越模糊。这里将"羽化"数量设置为12%,如图1-117所示。

图1-116

图1-117

10 将"亮度"调低，效果如图1-118所示。工作中需要修改某个局部效果时，可以使用"羽化"进行调整。

图1-118

1.4.3 变形调整

01 点击"变形"工具 ，此时应用的默认范围是整个图层，如图1-119所示。如果想要进行局部"变形"，则需要先选择选区再进行变形。

图1-119

02 "变形"的模式有"自由变换""等比""扭曲""弯曲"。选择"等比",此时变形选框上有3种类别的点,如图1-120所示。

03 移动任意的蓝点可将图像进行等比例放大或缩小,如图1-121所示。

图1-120

图1-121

04 移动顶部的绿点可以旋转图像,如图1-122所示。移动底部的黄点可以改变选框的形状,如图1-123所示。

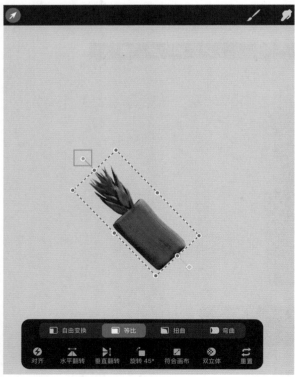

图1-122

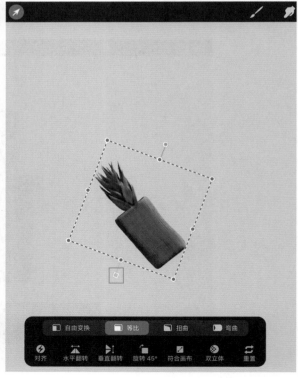

图1-123

05 "自由变换"会破坏图像的比例关系。点击右下方的"重置",将"等比"变形过的图像返回变形前的状态,然后选择"自由变换",如图1-124所示。将右侧中间的蓝点向右移动,此时整个图像就发生了形变,效果如图1-125所示。

图1-124

图1-125

06 选择"扭曲",将右下角的蓝点向左上方移动,图像就发生了扭曲,效果如图1-126所示。

图1-126

07 "弯曲"可以用于改变物体的结构，相比"扭曲"，应用更为灵活。选择"弯曲"，其变形选框上有4个蓝点固定四周，物体内部通过网格线来控制形状，如图1-127所示。

图1-127

第 **2** 章

室内设计手绘中的透视原理

透视原理无论是对室内设计手绘，还是其他绘画，都是重要的知识点。本章将讲解透视原理在 Procreate 室内设计手绘中的应用。

本章学习重点

▶ 透视的核心知识

▶ Procreate 中的透视辅助功能

▶ 室内设计中的一点透视

▶ 室内设计中的两点透视

2.1 透视的核心知识

本节在讲解透视知识时会结合Procreate的优势将复杂的知识简单化。虽然软件中有自带的透视辅助功能，但是在不理解透视原理的情况下也难以绘制准确。我们需要了解透视的本质和软件的透视辅助功能，将两者结合起来应用，以提高工作效率。

2.1.1 室内设计手绘中的透视原理

如果将要绘制的物体看作一个立方体，那么只需要将立方体的透视关系计算准确，其对应物体的透视关系就迎刃而解了。接下来用一个立方体为例，讲解一点透视、两点透视和三点透视。

1. 一点透视

图2-1所示为一个立方体，分别观察立方体的x轴、y轴、z轴方向，其中，x轴和z轴方向无收缩现象，y轴方向向立方体内部收缩。将y轴方向上的4条线向收缩方向延长后，会相交于一点，即消失点，如图2-2所示。这样的透视关系叫作一点透视，可以简单地理解为当只有一条轴有收缩现象或只有一个消失点时就是一点透视。

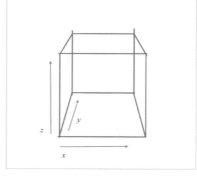

图2-1   图2-2

2. 两点透视

将立方体旋转一定的角度，此时x轴与y轴方向都产生了收缩现象，z轴方向无收缩现象，如图2-3所示。同样，将x轴与y轴方向上的线向收缩方向延长，产生了两个相交点，如图2-4所示。有两条轴有收缩现象或有两个消失点时为两点透视。

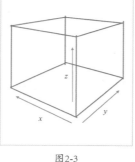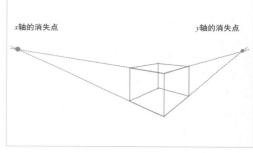

图2-3   图2-4

3. 三点透视

继续调整观察角度，此时的立方体是俯瞰下产生的效果，对应的x轴、y轴和z轴方向都出现了收缩现象，如图2-5所示。将3个轴向上的线向收缩方向延长，产生了3个相交点，这就是三点透视，如图2-6所示。

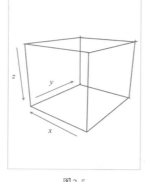

图2-5   图2-6

4. 透视与摄影机拍摄角度的关系

　　了解了透视的基本概念后，还需要了解摄影机的拍摄角度。透视并不是单独存在的，准确来说是摄影机以某个角度拍摄的物体的状态。在不同角度下拍摄同一个物体时，物体的透视关系可能会从一点透视变成两点透视或三点透视；在同一种透视效果下，随着摄影机位置的平移变化，物体的透视效果也会随之发生变化。

2.1.2 室内设计的透视法则与技巧

　　在室内设计中，要按照一定的透视法则绘制效果图，以保证画面透视关系的准确性。

1. 法则一

　　收缩线距离视觉中心越近，斜率越小；收缩线距离视觉中心越远，斜率越大。

垂直方向

01 图2-7所示为一点透视效果，由于视觉中心在立方体的正中心，因此y轴方向上的收缩线斜率都是相同的，即y_1、y_2、y_3和y_4的斜率相同。如果将立方体看作一个室内空间，那么y_3、y_4所在的面为顶部，y_1、y_2所在的面为底部，此时顶部和底部的面积是一样的。

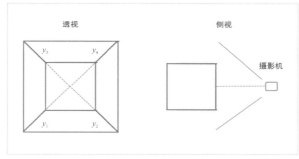

图2-7

02 将摄影机移动至立方体的1/4高度，如图2-8所示。此时视觉中心偏下，y_1、y_2这两条收缩线更靠近视觉中心，因此其斜率相对y_3、y_4要小一些。同样将立方体看作一个室内空间，此时的视觉效果相当于摄影师蹲下来拍摄到的室内空间画面。

03 继续将摄影机向下移动，视觉中心与地面齐平，如图2-9所示。此时，y_1、y_2与视觉中心都位于地面，收缩线斜率变成了0。y_3、y_4距离视觉中心更远，收缩线斜率也相对更大。此时的视觉效果相当于摄影师趴在地面上拍摄出来的室内空间画面。

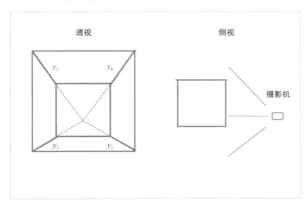

图2-8

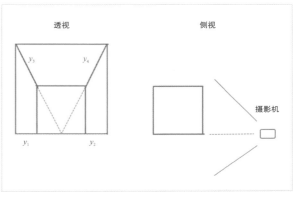

图2-9

水平方向

01 图2-10所示画面的视觉中心在立方体的中心位置，y_1、y_2、y_3和y_4的斜率相同。

02 将摄影机向左移动至距离左侧边缘1/4的位置，如图2-11所示。此时y_1、y_3的斜率减小了，y_2、y_4的斜率增加了。将立方体看作一个室内空间，左侧为沙发背景墙，右侧为电视机背景墙。此时，摄影师站在靠近沙发背景墙处进行拍摄，这种拍摄角度下，沙发背景墙面积小一些，电视机背景墙面积大一些。

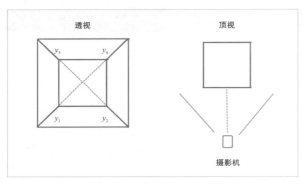

图2-10   图2-11

03 将摄影机向左移动至左侧边缘处，如图2-12所示，y_1、y_3变成了垂直线，y_2、y_4的斜率增加了。此时，摄影师与沙发背景墙是保持齐平进行拍摄的。

两点透视与三点透视就不展开讲解了，其透视效果同样遵守这一法则，这个法则在室内设计手绘中可以帮助设计师确定室内空间的透视关系。设计师要绘制什么角度的室内空间，这些角度下的透视收缩效果是怎样的，想要多展示一些顶部空间或地面空间等需求都可以在这一法则的基础上实现。

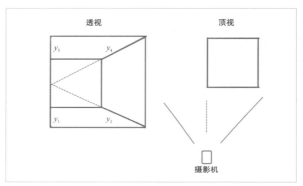

图2-12

2. 法则二

在摄影机拍摄角度与物体位置确定的前提下，物体正面朝向镜头的收缩线距镜头越近，斜率越小；距离镜头越远，斜率越大。摄影机与立方体的位置确定后，还可以通过原地旋转立方体的方式观察不同角度下透视关系的变化。

图2-13所示为4个常见角度对应的立方体顶视图和透视图。图中有4个立方体，A正面朝向镜头，B在A的基础上顺时针旋转22.5°，C顺时针旋转45°，D逆时针旋转22.5°。

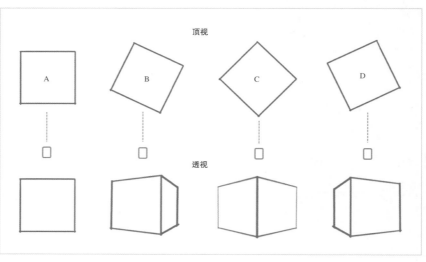

图2-13

A立方体：一点透视，面向镜头的面无收缩现象。由此可见，绘制正面物体时按照实物比例绘制即可，无须考虑透视关系，背对镜头的透视关系无须绘制出来。

B立方体：x_1、x_2、y_1和y_2 4条轴都面向镜头，x_1、x_2轴所在平面比y_1、y_2轴所在平面距离镜头更近，因此y_1、y_2比x_1、x_2的斜率大，如图2-14所示。

C立方体：因为C在A的基础上旋转了45°，所以x轴与y轴方向上的收缩线斜率相同。

D立方体：D为B的镜像效果，两侧收缩线斜率与B相反。

运用此法则就可以检查单个物体的透视关系是否准确。例如，要绘制一个顺时针旋转22.5°的立方体，如图2-15所示。由于立方体两侧的收缩线斜率几乎相同，因此其透视关系是错误的。真实绘制时无须计算斜率，只需遵循此法则进行绘制，没有明显的偏差即可。

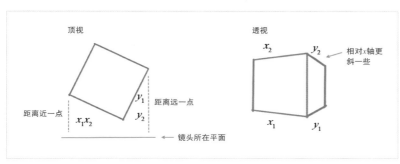

图2-14

图2-15

3. 法则三

距离镜头越近，物体越大，透视收缩效果越强烈；距离镜头越远，物体越小，透视收缩效果越微弱。该法则可用于确定空间的远近关系，营造出空间感。举个例子，墙边摆放着两盆大小相同的植物，按照此法则绘制时，距离远的植物小一些，距离近的植物大一些，如图2-16所示。图2-17所示的是同一个物体在远景、中景和近景中呈现的状态，A为远景状态，B为中景状态，C为近景或特写状态。

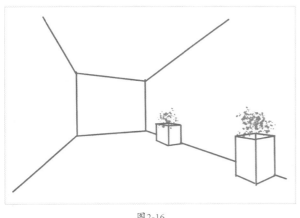

图2-16

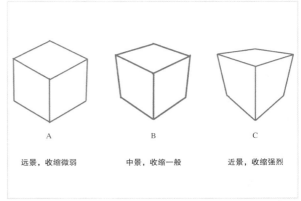

图2-17

学习室内设计手绘遵循这3个法则就可以大致掌握透视关系了。以上都是针对立方体讲解的透视关系，有读者可能会问，如果换成沙发、台灯等造型复杂的物体时该怎么处理透视关系呢？其实掌握通用的方法，学会举一反三才是关键，就是把所有的单个物体当作立方体，先利用立方体把透视关系确定下来，然后将具体的物体按照比例放入这个立方体中，这个立方体相当于确立物体透视关系的容器，再按照上述透视法则处理物体的细节部分即可。

举个例子，在一个室内空间中绘制一个沙发。首先绘制一个立方体，然后确定沙发的透视信息、位置信息和尺寸信息，最后绘制沙发。

01 图2-18所示为一个两点透视的室内空间，其中红色的网格线是Procreate的透视辅助线（关于透视辅助的详细内容将会在2.2节进行讲解）。现在要在这个空间中绘制一个图2-19所示的沙发，难点在于参考图中的沙发角度与室内空间角度不同。

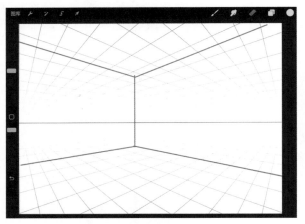

图2-18

图2-19

02 将沙发当作一个立方体，确定沙发的透视关系及尺寸大小等。绘制沙发时还需要绘制其正视图和侧视图，如图2-20所示。有了沙发的正、侧视图才能够绘制任意角度的沙发，读者可以自行练习绘制。

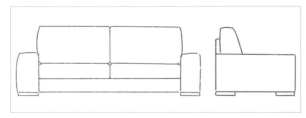

图2-20

03 打开"绘图指引"，选择"2D网格"，然后设置网格比例大小，沙发的长大约占据4.5格，宽约占据2格，如图2-21所示。确定了沙发的长宽比例，就基本确定了沙发的占地面积。

04 如果沙发的宽度为600mm，那么单个网格线长度为300mm，可知沙发的长度为1350mm，高度为550mm。接下来在场景中确定一条高度为550mm的线，假设整个场景的高度为2600mm，即墙角的垂直线长2600mm。先找到垂直线的中点，过此点绘制一条与地面平行的线，如图2-22所示，这条线的高度为1300mm。

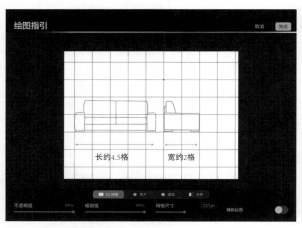

图2-21

图2-22

05 找到垂直线1/4处的点，即1300mm的一半650mm，如图2-23所示。找到高550mm的点，比650mm稍低一些，然后过此点绘制一条直线，如图2-24所示。

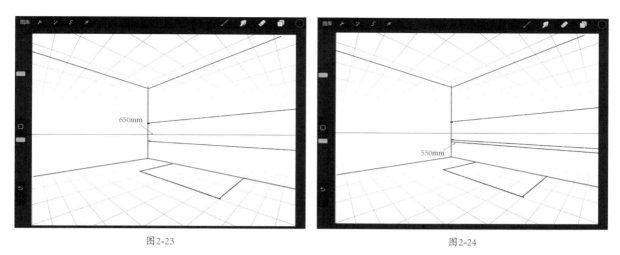

图2-23   图2-24

06 确定高度后，利用辅助线将*z*轴方向上的线绘制出来，如图2-25所示。再参照辅助线将整个立方体绘制出来，如图2-26所示。立方体确定后就可以开始绘制沙发了。

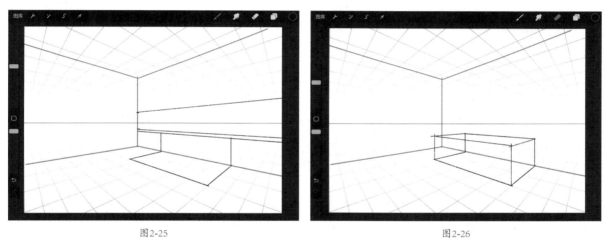

图2-25   图2-26

07 选中正视图所在图层，点击"变形"，如图2-27所示。先将正视图缩放并移动至相应位置，然后使用"扭曲"将正视图的4个顶点与对应立方体的正面对齐，如图2-28所示。根据透视线将沙发绘制出来，具体操作方法会在后续章节中详细讲解。

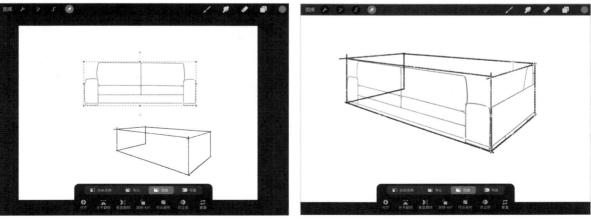

图2-27   图2-28

2.2 Procreate中的透视辅助功能

Procreate的透视辅助功能很强大，接下来进行详细介绍。

01 点击"操作"，打开"绘图指引"，再点击"编辑绘图指引"，如图2-29所示。

02 选择"透视"，此时对话框顶部有个提示"轻点以创建消失点"，如图2-30所示。点击画面，此时画面中出现一个消失点和一些透视辅助线条，即一点透视的辅助线，如图2-31所示。再次点击这个消失点，就会弹出"删除""选择"两个选项，如图2-32所示。

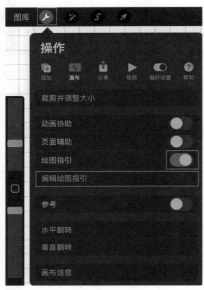

图2-29

图2-30

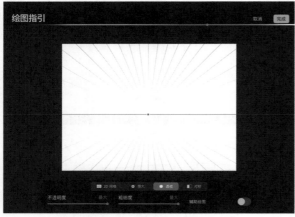

图2-31

图2-32

03 画面中蓝色的线条为视平线，在室内设计中可以理解为摄影机的高度。再次点击画面，创建第2个消失点，目前画面中呈现的是两点透视的辅助线，如图2-33所示。

04 在两点透视中，摄影机的拍摄方向在这两个消失点之间。此时的透视辅助线较为奇怪，透视网格呈现的效果比较扭曲，这就涉及一个信息，即摄影机的视野。两个消失点距离越近，视野就越接近180°；两个消失点距离越远，视野就越接近0°。现在增加两个消失点之间的距离，使视野大概为40°，效果如图2-34所示。

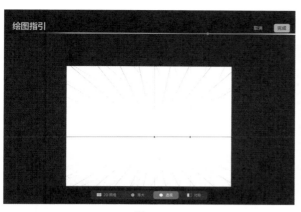

图2-33

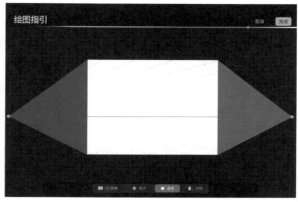

图2-34

05 绘制室内效果图时，一般将视野调整至60°~78°，具体由室内空间大小决定。现在将两个消失点放至画面边缘，此时视野大概为60°，如图2-35所示。在实际应用中，读者可以通过调整两个消失点之间的距离来控制视野，调整视平线的高度来确定摄影机的高度。

06 再次点击画面，就会出现三点透视的辅助线（调整消失点时可以缩放画面，消失点往往在画面以外区域），如图2-36所示。三点透视在室内设计中不常用，这里就不过多叙述了。

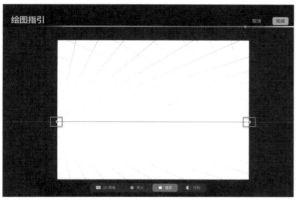

图2-35

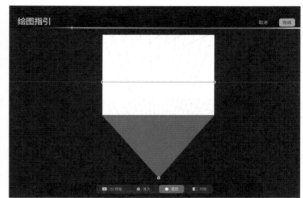

图2-36

07 以两点透视为例，设置完辅助线后，点击"完成"，回到绘图界面，如图2-37所示。开启"绘图指引"后，绘制的所有线条都会与透视辅助线的方向保持一致，如图2-38所示。

图2-37

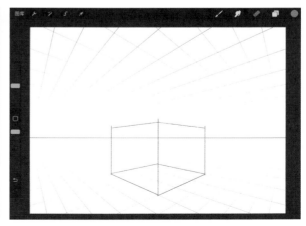

图2-38

2.3 室内设计中的一点透视

室内设计中的一点透视可以理解为摄影机正对着的墙面，此时这面墙所对应的面是没有收缩效果的，如图2-39所示。一些客厅的设计方案会以一点透视进行构图，整体架构较为稳定。

01 确定正对墙面的长宽比例，假设这面墙长4000mm、高2800mm。打开"2D网格"，然后按照比例将墙面绘制出来，如图2-40所示。

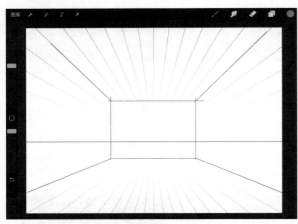

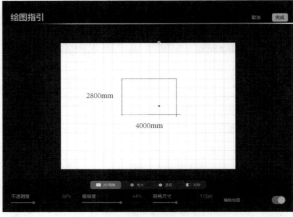

图2-39

图2-40

02 将墙面缩放至合适大小，如果比例较大，则摄影机离得近，视野较小；如果比例较小，则摄影机离得远，视野较大，如图2-41和图2-42所示。

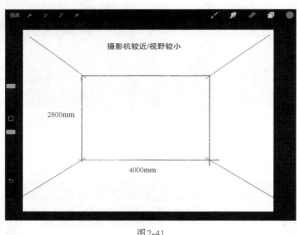

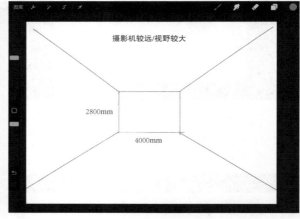

图2-41

图2-42

☑ 提示 --->

如果要重点表现摄影机正对的墙面，那么可以将正对的墙面放大一些；如果需要着重表现两侧的墙面，那么可以将正对的墙面缩小一些。总的来说，就是要根据想表现的内容来分配画面。

03 如果想要画面中的吊顶多一些，则可以将矩形向下移动一些，吊顶部分多保留一些，然后保持左、中、右画面占比为1:1:1，如图2-43所示。选择"透视"，在画面中点击一下，创建一个消失点，此时一点透视的辅助线就显示出来了，如图2-44所示。

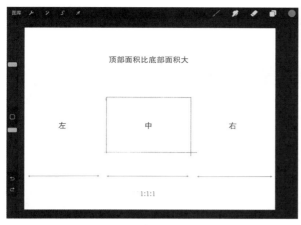

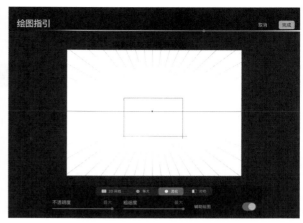

图2-43

图2-44

04 确定摄影机的高度。先将消失点放在正中间，然后参照透视辅助线将收缩线绘制出来，如图2-45所示。此时就得到一个吊顶画面占比多一些，且摄影机在正中间的室内效果了。

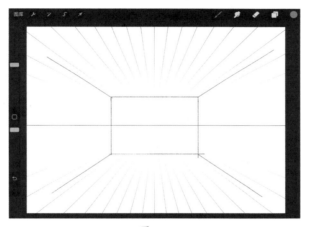

图2-45

05 将视平线向下移动至距离地面约900mm的高度，如图2-46所示。此时的透视辅助线发生了变化，需要将原来的4条收缩线擦除，然后根据新的透视辅助线重新绘制收缩线，如图2-47所示。

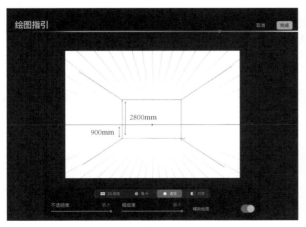

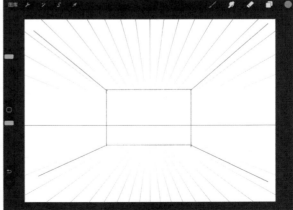

图2-46

图2-47

2.4 室内设计中的两点透视

图2-48所示为一个典型的45°拍摄的画面，x轴、y轴方向有收缩现象，z轴方向无收缩现象。两点透视的绘制方式与一点透视相同，首先明确需要重点表现哪个面，然后根据信息占比分配画面。常见角度有45°和22.5°，熟练绘制这两种角度下的透视画面就基本能够应对大部分的室内设计项目了。

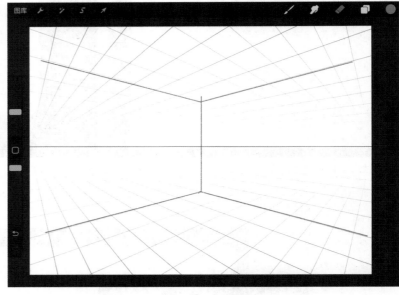

图2-48

相邻的两面墙体都需要重点表现时，会用到45°的画面，而22.5°是在45°的基础上将镜头旋转22.5°，这样就会看到3面墙体，如图2-49所示。两面主要墙体的比例约为1∶1，次要墙体宽度约为主要墙体的1/4。

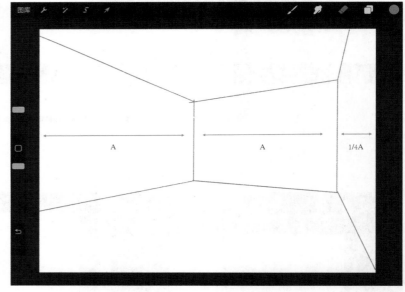

图2-49

2.4.1 45°画面

01 由于45°画面中的左右两面墙体占比相同，因此要先确定两面墙体中间的分割线，然后确定上下区域的画面占比。如果此时需要多展示一些顶部信息，那么可以将顶部区域保留多一些，如图2-50所示。

02 选择"透视"，将两个消失点调整至画面边缘，此时视野约为60°，如图2-51所示。将视平线调整至约900mm的高度，如图2-52所示。根据透视辅助线绘制出透视效果，如图2-53所示。

图2-50

图2-51

图2-52

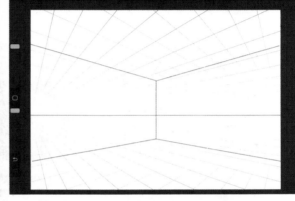

图2-53

2.4.2 22.5° 画面

01 22.5°画面的绘制方法与上述方法类似，先绘制一条墙体高度线，再绘制1/4墙体分割线，如图2-54所示。

02 各墙面占比划分完成后，就需要分配顶部和地面的画面占比了，如果想要顶部表现的信息多一些，那么将靠近正中间的直线向下移动一些，如图2-55所示。

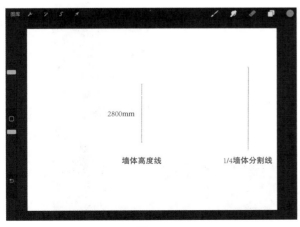

图2-54

图2-55

03 选择"透视"，然后调整消失点，接着将视平线调整至900mm的高度，如图2-56所示。根据透视辅助线将整个场景的收缩线绘制出来，如图2-57所示。如果读者想要绘制其他角度的画面，可以直接调整消失点的位置。

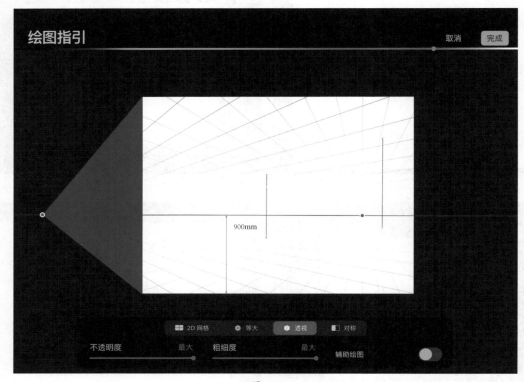

图2-56

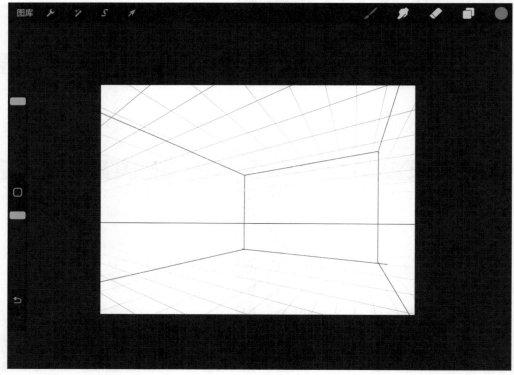

图2-57

第 3 章

单体模型的绘制技法

室内效果图是由多个单体模型共同组成的，而单体模型需要单独绘制成型。本章将讲解单体模型的绘制技法，这是室内设计手绘中的重点内容。

本章学习重点

▶ 单体模型素材库

▶ 单体模型绘制方法

▶ 常见的家具模型绘制

▶ 常见的家电模型绘制

3.1 单体模型素材库

提到素材库，读者可能会想到模型素材、图片素材、色卡素材、笔刷素材等，这些素材可以在网络上搜集或购买。

3.1.1 整理单体模型素材库

由于Procreate不像3D软件那样可以直接导入家具模型，而只能导入一些素材图片，因此归纳、整理素材库是必不可少的步骤。

将模型看作一个立方体，通过这个立方体可以绘制出单体模型的正视图和侧视图。这些正视图、侧视图可以自行绘制，也可以利用网络上的现有素材。素材库可以参照图3-1～图3-3所示的形式进行整理，即一个单体模型对应它的正视图和侧视图。

建议读者自行绘制正视图和侧视图，绘制时保持线条干净整洁，结构关系表达清晰即可。例如，对于一个柜门上有雕花装饰的柜子，在为其绘制正视图和侧视图时无须将雕花也绘制出来，只绘制结构线即可。

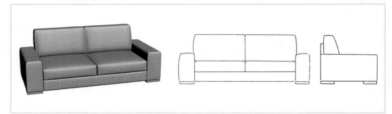

图3-1

图3-2

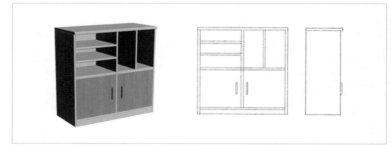

图3-3

3.1.2 使用单体模型素材库

在Procreate中绘制室内效果图时如何使用单体模型素材库呢？这里有两种方法，一种是导入素材图片后直接使用，需要注意，此时的素材图片要与室内效果图的透视关系保持一致；另一种是导入单体模型的正视图和侧视图后，再进行绘制。

1. 单体模型素材图

01 图3-4所示为一个两点透视的室内空间，首先导入素材图片。在菜单栏中点击"操作"工具 ，然后在下拉菜单中选择"添加"，接着选择"插入照片"，如图3-5所示。

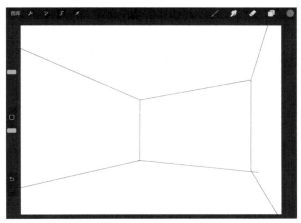

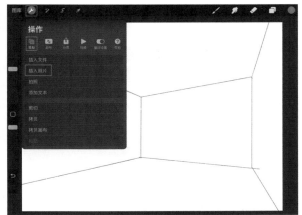

图3-4   图3-5

02 将植物素材图片导入场景，如图3-6所示。导入的素材图片在默认情况下处于"变形"状态，将植物移动至地面，然后点击菜单栏中的"变形"工具 ，即可退出变形，如图3-7所示。

03 素材图片导入后会单独存放在一个图层中，方便后期调整。此时可以发现，植物与场景的透视关系并不统一，可以通过"变形"来调整它的角度，如图3-8所示。

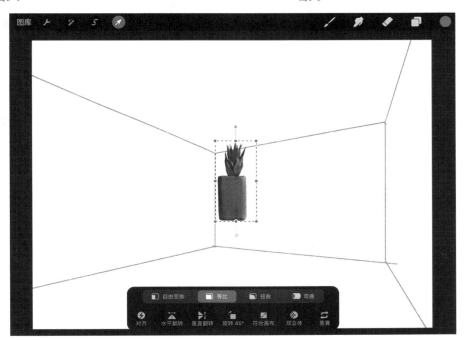

图3-6

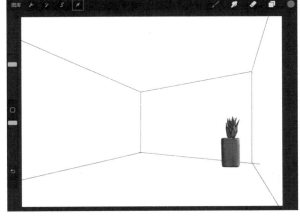

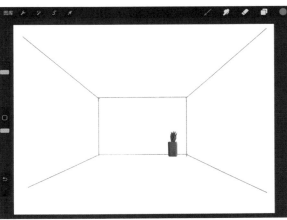

图3-7   图3-8

04 在一个两点透视的室内空间中导入一张沙发素材图片，如图3-9所示。将沙发移动至地面，此时沙发和室内空间的透视关系不一致，如图3-10所示。这种情况同样可以通过"变形"来调整。

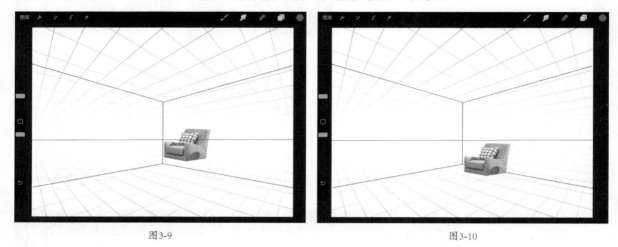

图3-9   图3-10

05 将沙发想象成一个立方体，此时立方体的底部透视线与整个场景的透视关系不一致，如图3-11所示。选择沙发所在的图层，点击"变形"工具 ，调整沙发底部的透视线，使之与空间透视辅助线保持一致，效果如图3-12所示。

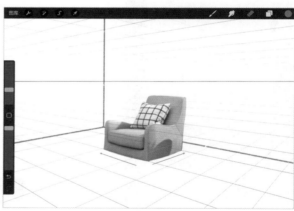

图3-11   图3-12

06 如果改变了沙发的位置，就需要用"变形"工具 重新调整沙发的透视关系，如图3-13所示。

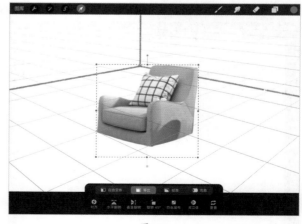

图3-13

2. 单体模型的正、侧视图

接下来讲解第二种方法，即导入单体模型的正视图和侧视图后，再绘制单体模型。继续以上述的两点透视空间为例，将素材库中的凳子绘制出来，如图3-14所示。

图3-14

01 执行"操作>添加>插入照片"菜单命令，在弹出的对话框中选择凳子的正视图和侧视图，如图3-15所示。将凳子想象成一个立方体，假设要将凳子放在墙边，根据尺寸比例绘制一个立方体，如图3-16所示。

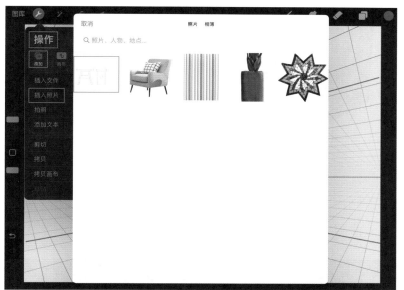

图3-15

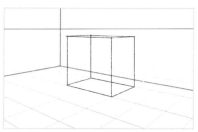

图3-16

02 用"变形"工具 将凳子的正视图与侧视图贴合至立方体对应的面，如图3-17所示。此时就可以按照正视图和侧视图的结构线绘制单体模型了，这种方法能够绘制任意角度的单体模型。

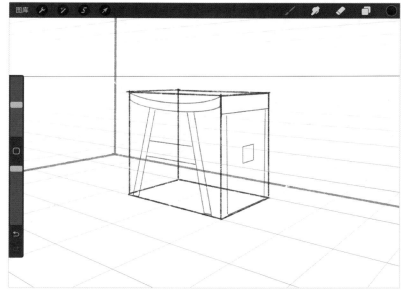

图3-17

3.2 单体模型绘制方法

本节主要讲解单体模型的绘制方法，无论是在一点透视的场景中，还是两点透视或极少出现的三点透视的场景中，其绘制原理是相同的，用一句话概括，就是找点连线。

3.2.1 一点透视场景中的单体模型绘制方法

首先讲解一点透视，模型效果如图3-18所示。

图3-18

1. 绘制正视图和侧视图

01 新建一个空白文档，绘制模型的正视图和侧视图，绘制过程中开启"2D网格"确定比例大小。执行"操作 > 画布"菜单命令，然后开启"绘图指引"，点击"编辑绘图指引"，如图3-19所示。进入"绘图指引"对话框，选择"2D网格"并调整"网格尺寸"参数值，然后点击"完成"，如图3-20所示。

图3-19

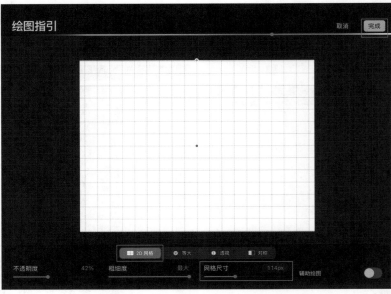

图3-20

02 回到绘画界面，点击"画笔"工具，选择"HB铅笔"，如图3-21所示，画笔类型可根据自身使用习惯进行选择。点击"颜色"工具，在"颜色"面板中选择"经典"模式，然后设置颜色，这里选择了较深的蓝色，如图3-22所示。

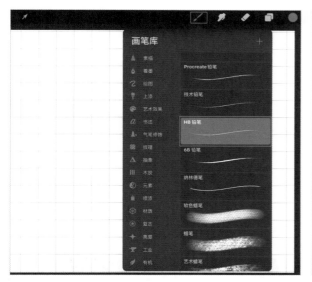

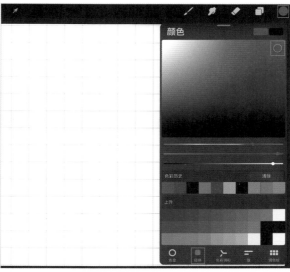

图3-21   图3-22

03 借助"2D网格"辅助线绘制侧视图。这里需要注意，在"绘图指引"打开的情况下，只能绘制垂直或水平方向的直线，如果需要绘制斜线，则提前将方形按钮⬛设置为"辅助绘图"的开关键，然后点击方形按钮⬛即可绘制斜线，如图3-23所示。

04 在绘制线条时，绘制到线条尾端可以停顿一下，原本弯曲的线条就变平滑了，同时界面顶部会出现"编辑形状"4个字，如图3-24所示。

图3-23   图3-24

05 点击"编辑形状"，可进入编辑状态，如图3-25所示。通过调整线条两端的控制点，将线条调整至合适的位置，点击界面空白处任意位置，即可退出编辑状态。最终的侧视图效果如图3-26所示。Procreate除可以修正直线外，还可以修正曲线，读者可自行尝试。

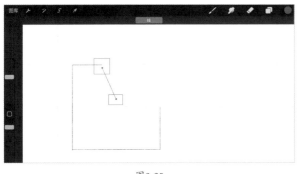

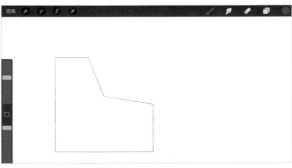

图3-25   图3-26

06 新建一个图层，用于绘制正视图，最终效果如图3-27所示。正视图和侧视图绘制完成后就可以确定沙发的具体角度和位置了。

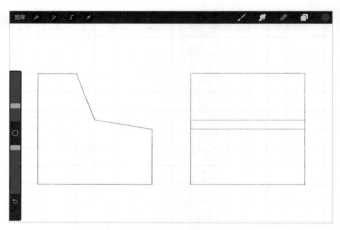

图3-27

2. 绘制立方体

01 进入"绘图指引"对话框，选择"透视"模式，在画面正中间点击一下，设置一个消失点，如图3-28所示。为了方便讲解，笔者将消失点设置在画面正中间，相当于摄影机在正中间拍摄。

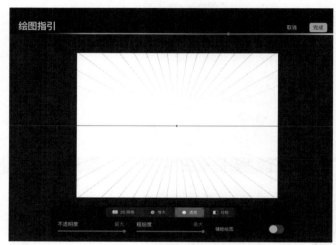

图3-28

02 根据透视辅助线绘制正方体，可以切换"2D网格"辅助绘制，具体过程就不详细介绍了，效果如图3-29所示。读者可能会有疑问，横向和纵向的各边比例为1∶1，内部的收缩线要画多长才能满足1∶1∶1的比例呢？图中立方体的长、宽、高都为1m，在这种视觉效果中，摄影机距离立方体的距离为1.8m～2m，那么收缩线可以按照1∶4∶1来绘制，如图3-30所示。

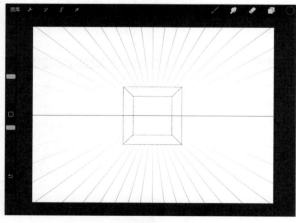

图3-29

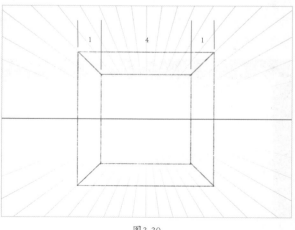

图3-30

03 点击"图层"工具，将立方体所在图层的名称栏向左滑动，然后选择"复制"，复制当前绘制的立方体，如图3-31所示。将复制的立方体向左移动，如图3-32所示。

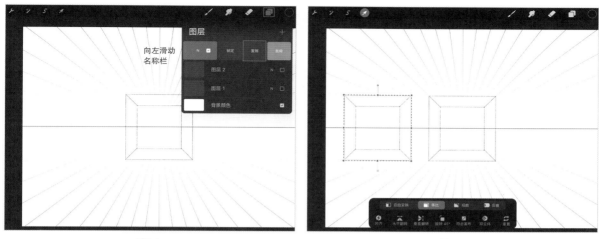

图3-31　　　　　　　　　　　　　　　　图3-32

04 演示不同角度的立方体收缩线的绘制方法。将立方体移动至画面左侧，其透视关系发生了变化，因此需要将内部的收缩线擦除重新绘制，如图3-33所示。

05 由于立方体的宽度已经确定，因此直接将右侧立方体内侧两条水平方向上的线向左延长，如图3-34所示（这里的延长线相当于辅助线，建议新建一个图层绘制）。根据透视辅助线绘制左侧立方体的各条边，如图3-35所示。最终效果如图3-36所示。

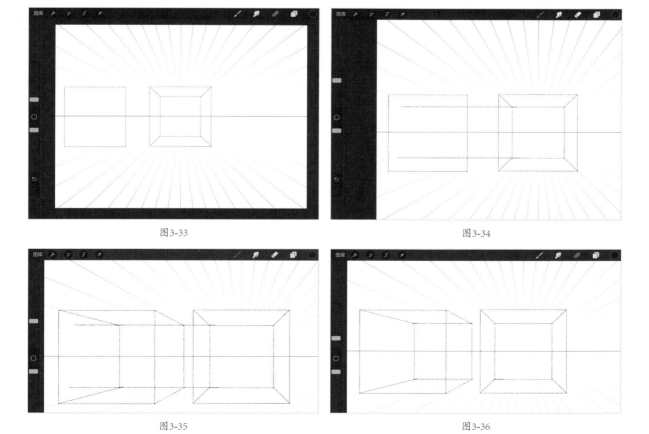

图3-33　　　　　　　　　　　　　　　　图3-34

图3-35　　　　　　　　　　　　　　　　图3-36

3. 绘制沙发线稿

01 分析沙发的比例关系，现在沙发的各边比例为1：1：1，可以直接放入立方体。如果沙发各边的长度不相同，那么如何在1：1：1的立方体中调整比例关系呢？这里以左侧的立方体为例（将右侧的立方体隐藏），如图3-37所示。

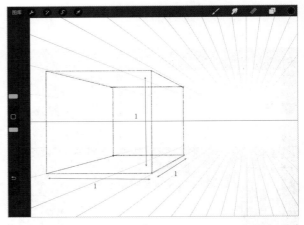

图3-37

02 如果物体的比例是1：0.5：1，则只需找到y轴方向边的中点，如图3-38所示，然后根据透视辅助线连接，如图3-39所示。以此类推，各边为任何比例的立方体都可以按照这种思路绘制出来。

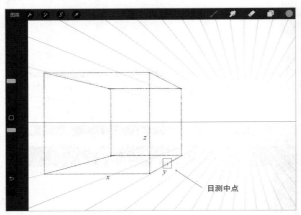

图3-38

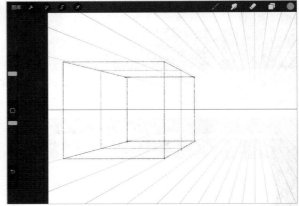

图3-39

03 如果要绘制各边比例为1：2：1的立方体，则首先将y轴方向的线延长，如图3-40所示；然后找到z轴方向上两条线的中点并连接起来，如图3-41所示；接着绘制一条图3-42所示的线并延长。

04 现在y轴方向的延长线上出现了一个交点，顶点到交点的线段长度为y轴方向原本边长的2倍，如图3-43所示。利用透视辅助线进行连接，将多余的线擦除，如图3-44所示。利用透视关系将剩余的线补充出来，效果如图3-45所示。

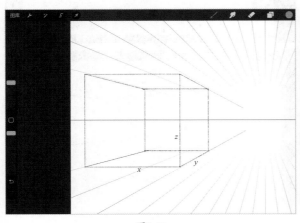

图3-40

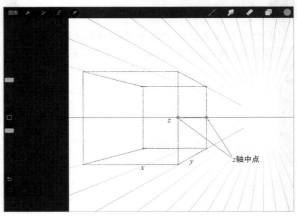

图3-41

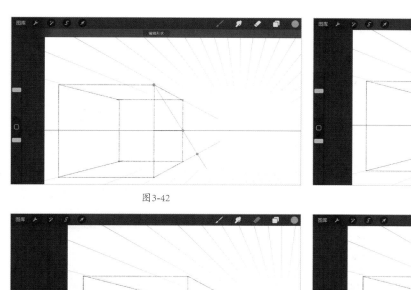

图3-42

图3-43

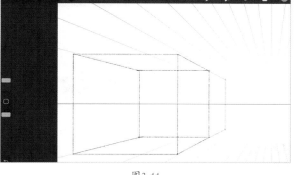

图3-44

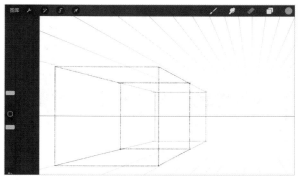

图3-45

05 显示沙发正视图所在图层，并复制，如图3-46所示。选择其中一个正视图，点击"变形"工具 ，将一个正视图贴在立方体的正面位置，另一个正视图贴在立方体的背面位置，如图3-47所示。关闭透视辅助线，查看效果，如图3-48所示。

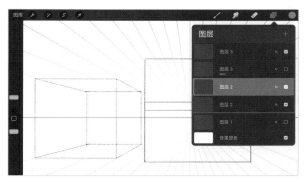

图3-46

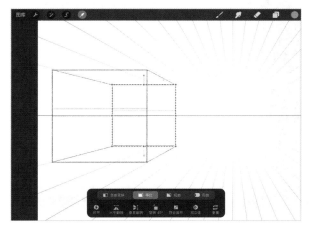

图3-47

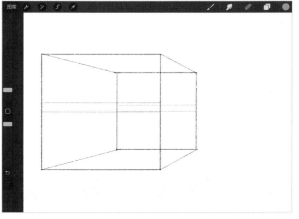

图3-48

06 复制侧视图，运用同样的方法将侧视图贴在立方体的两侧，如图3-49所示。此时沙发的关键点都找到了，接下来只需连接这些关键点即可。新建一个图层用于绘制单体模型，并将图层的"不透明度"调低一些，如图3-50所示。

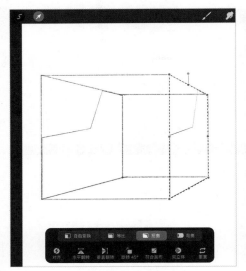

图3-49

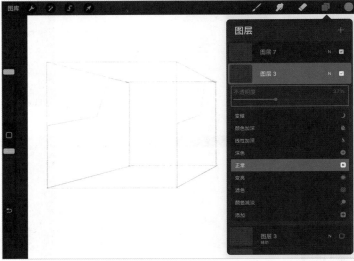

图3-50

07 连接侧视图中的关键点，如图3-51所示。在绘制过程中出现轻微的偏差是正常现象，读者可以自行修正。按照上述方法连接所有关键点，效果如图3-52所示。最后，将沙发的结构轮廓加深并擦除多余线条，效果如图3-53所示。

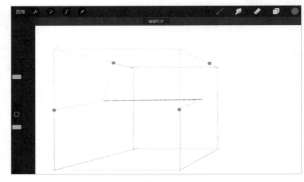

图3-51

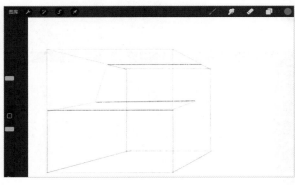

图3-52

图3-53

3.2.2 两点透视场景中的单体模型绘制方法

两点透视场景中的单体模型与一点透视场景中的绘制原理相同，继续用3.2.1节案例中的沙发进行演示。

01 打开"绘制指引"对话框，选择"透视"，将辅助线调整至合适的角度，如图3-54所示。按照1∶1的比例，绘制立方体的底部轮廓，如图3-55所示。

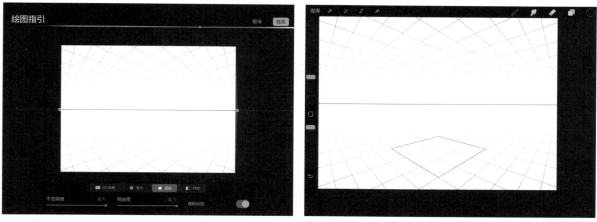

图3-54 图3-55

02 立方体的高度可以通过目测的方式确定，接近即可，无须精确计算，效果如图3-56所示。使用"变形"工具，将侧视图贴至立方体的相应位置，如图3-57所示。为了避免在绘制过程中产生混乱，只使用侧视图就可以绘制出完整的沙发。

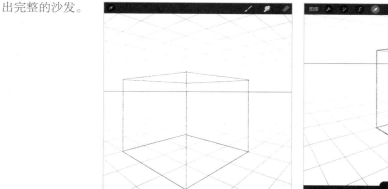

图3-56 图3-57

03 连接各关键点，并将沙发轮廓线加深，如图3-58所示。擦除多余线条，最终效果如3-59所示。

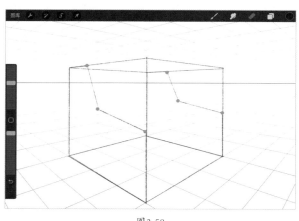
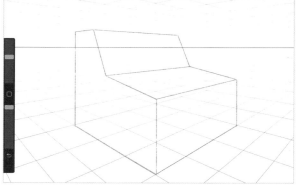

图3-58 图3-59

单体模型的绘制方法是共通的，掌握了基本原理后，就可以绘制任意角度的任何物体了。

3.3 常见的家具模型绘制

本节主要讲解室内常见家具模型的绘制方法，读者需要重点学习绘制的方法，而非操作过程。

案例训练：桌椅

桌椅的效果如图3-60所示。

1. 确定场景

01 设置一个高度为2800mm的两点透视场景，摄影机高度在900mm处，如图3-61所示。由于桌椅是放在地面上的，因此用于装载模型的立方体的底部与坐标系在同一个面内。将桌椅拆分，分别确定尺寸比例，如图3-62所示。

图3-60

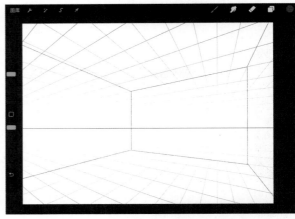

图3-61

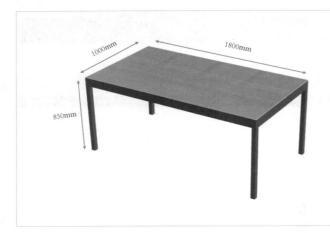

图3-62

02 桌子的造型较为常规，可以不绘制正视图和侧视图。椅子的造型相比于桌子的造型要复杂一些，需要单独绘制正视图和侧视图，绘制过程就不展开讲解了。绘制出用于装载桌子的立方体，确定具体摆放位置，如图3-63所示。

03 桌子的高度为850mm，视平线高度为900mm，桌子的高度在视平线下方，找到桌子的高度点，然后利用透视辅助线过该点绘制出一条辅助线，如图3-64所示。

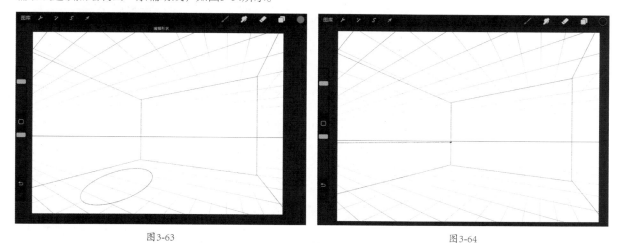

图3-63   图3-64

04 根据桌子的摆放位置绘制一条垂直线，并与左侧墙面的高度辅助线相交于一点，如图3-65所示。根据桌子摆放的位置将垂直线沿着透视辅助线平移一定距离，此时立方体的一条边就确定了，如图3-66所示。

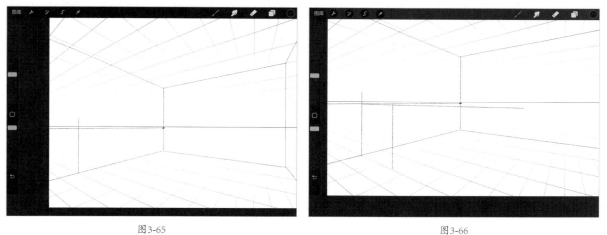

图3-65   图3-66

05 为了方便观察，将辅助线隐藏，如图3-67所示。立方体的宽为1000mm，以目测的方式绘制宽边，如图3-68所示。

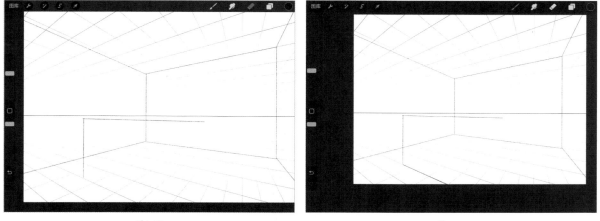

图3-67   图3-68

06 由于模型太大，此时的画布无法继续绘制模型，可以执行"操作>画布>裁剪并调整大小"菜单命令，如图3-69所示。进入"裁剪并调整大小"对话框，拖曳画布底边进行延长，如图3-70所示。调整完成后回到绘画界面，透视辅助线会随着画布的扩大延伸，如图3-71所示。

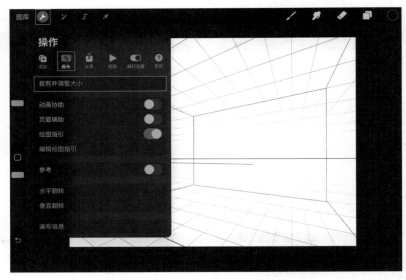

图3-69

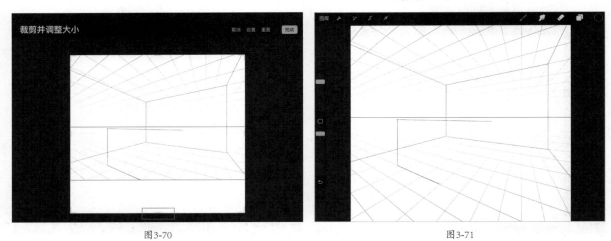

图3-70

图3-71

07 根据当前的绘制比例，1000mm占据透视网格的两格半，那么1800mm，即立方体的长边大约占据4格半。根据透视辅助线绘制长边，如图3-72所示。现在立方体的3条边都确定了，接下来根据透视辅助线将整个立方体绘制出来，如图3-73所示。

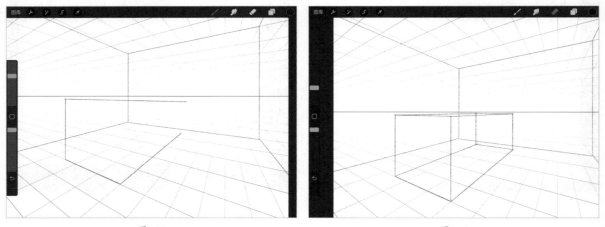

图3-72

图3-73

08 椅子的长、宽、高分别为550mm、550mm、880mm，借助地面的辅助线，按照同样的比例将立方体的底面绘制出来，550mm相当于1格半，如图3-74所示。

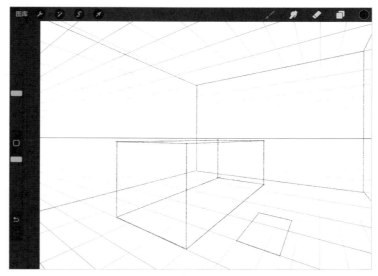

图3-74

09 为了方便观察，将用于装载桌子的立方体隐藏，然后显示最初绘制的辅助线，如图3-75所示。将立方体的4条高度线绘制出来，无须计算长度，如图3-76所示。沿着左侧墙面的高度辅助线绘制一条线并与刚绘制的高度线相交，以确定立方体的高度，如图3-77所示。根据辅助线将立方体补充完整，之后隐藏辅助线，如图3-78所示。

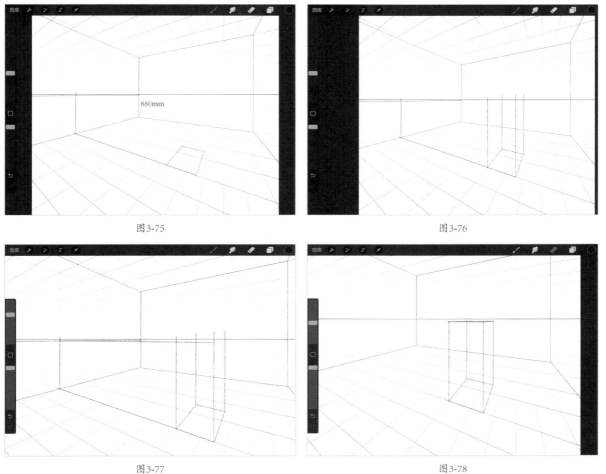

图3-75

图3-76

图3-77

图3-78

2. 绘制模型

01 显示左侧的立方体，隐藏右侧的立方体。新建一个图层，桌子的高度为850mm，推测桌面的厚度约为100mm，然后在画面中表现出桌面的厚度，如图3-79所示。

02 此时整个桌面就绘制完成了，桌面边缘处的倒角在线稿阶段无须表现，后期可通过色彩来表现效果。确定桌脚大小，绘制出桌脚底面的形状，如图3-80所示。

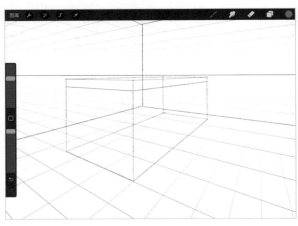

图3-79

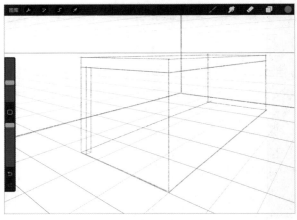

图3-80

03 确定桌脚底面位置后直接沿着底部轮廓绘制高度线，如图3-81所示。运用同样的方法，将其他桌脚绘制出来，如图3-82所示。隐藏多余的辅助线，最终效果如图3-83所示。

图3-81

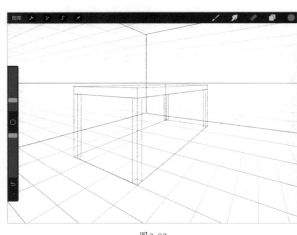

图3-82

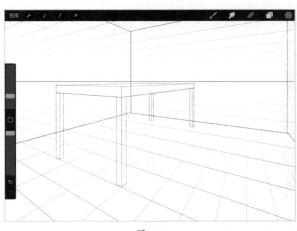

图3-83

04 将桌子隐藏，然后显示用于装载椅子的立方体，如图3-84所示。新建一个图层，将椅子的侧视图绘制出来并复制，效果如图3-85所示。由于室内大多数物体的形状较为规整，大多由几何体组合而成，因此仅使用一个侧视图就可以绘制出完整的模型。

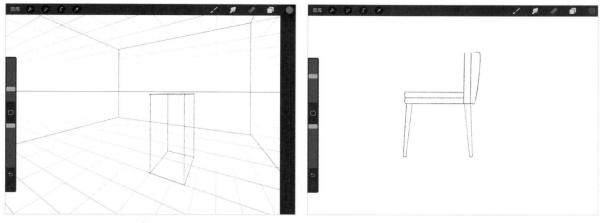

图3-84   图3-85

05 将侧视图移动至立方体对应的位置，如图3-86所示。注意，这里要将椅脚与立方体对齐，而非椅背向外凸出的部分与立方体的边对齐，椅背凸出的部分并没有计算在内，需要后期调整。在立方体的另一侧贴上侧视图，如图3-87所示。

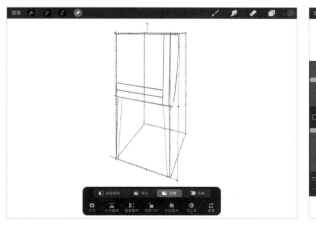

图3-86

图3-87

06 新建一个图层用于绘制模型，首先绘制椅脚部分。在地面确定椅脚底部面积的大小，如图3-88所示。此时椅脚底部的边缘并没有与立方体的边缘对齐，在绘制时要注意这个细节。

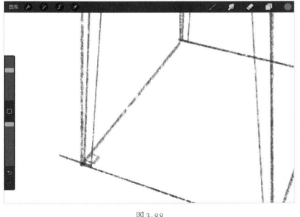

图3-88

07 确定了椅脚底部面积，就可以向上连线绘制椅腿部分了。在图中找到点A，过该点向下绘制一条线并与立方体底部的边相交于点B，该直线与立方体的高线保持平行，如图3-89所示。过点B绘制辅助线，如图3-90所示。

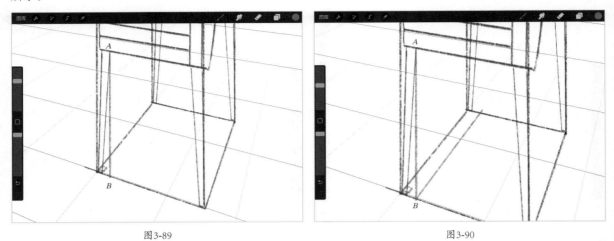

图3-89   图3-90

08 将椅脚底部所在面的两条边向右延长并与辅助线相交，产生C、D两个交点，如图3-91所示。分别过点C、D向上绘制直线，与椅面相交于两点，这两个点是后续绘制椅腿时要用到的关键点，如图3-92所示。

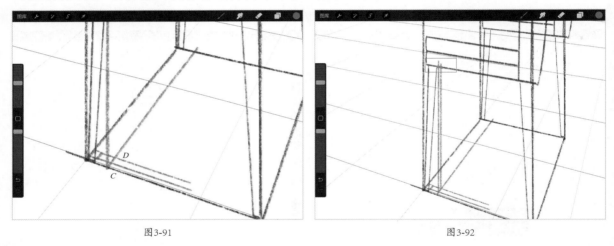

图3-91   图3-92

09 擦掉多余的线，留下两个关键点，如图3-93所示。将关键点与地面上椅脚相对应的点连接起来，如图3-94所示。

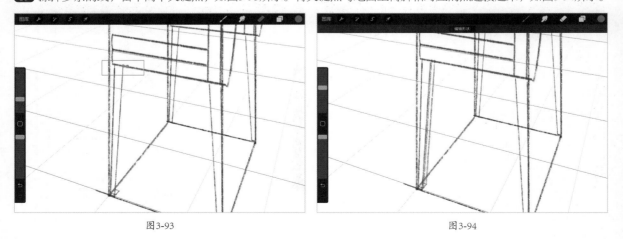

图3-93   图3-94

10 隐藏辅助线和侧视图，如图3-95所示。此时椅脚还缺一条边，这里用目测的方式绘制出来，如图3-96所示。由此可知，在绘制过程中可以使用精确的计算方法，也可以使用简单的目测方法，具体使用哪种方法可根据实际情况而定。

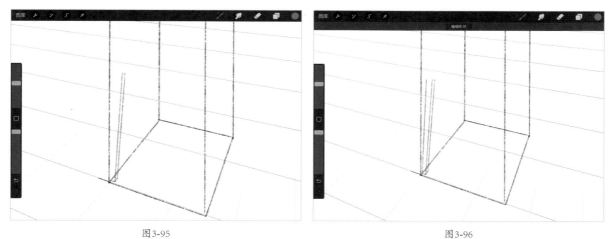

图3-95   图3-96

11 显示侧视图，将其余椅脚绘制出来，如图3-97所示。根据侧视图找到关键点并将各点连接起来，如图3-98所示。隐藏立方体并观察效果，如图3-99所示。

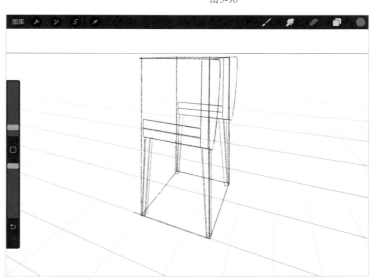

图3-97

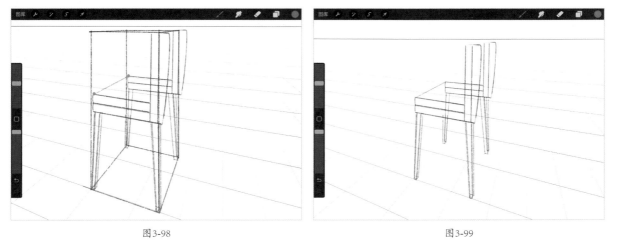

图3-98   图3-99

3. 处理椅背部分

01 将多余的透视线擦除，如图3-100所示。椅背部分的弧度如果采用精确的计算方法，则会影响整个工作进程，不建议使用。读者可根据平时的观察与素材积累，以目测方式绘制一条弧线，如图3-101所示。

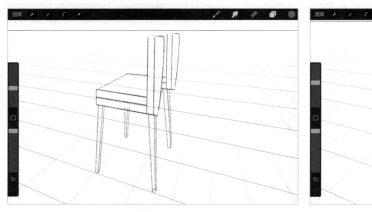

图3-100 图3-101

02 将椅背部分的结构线绘制出来，这里要注意透视效果，椅背顶部靠近视平面，斜率相对小一些，如图3-102所示。将多余的透视线擦除，如图3-103所示。

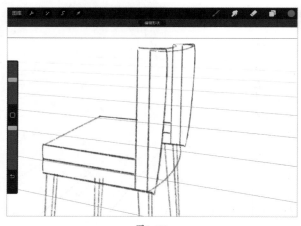
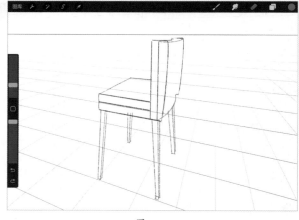

图3-102 图3-103

03 将桌子显示出来，并检查细节，查漏补缺，最终效果如图3-104所示。画面中的一个桌脚被椅子挡住了，其线稿部分可以保留，后续上色时可作为单独的部分上色。

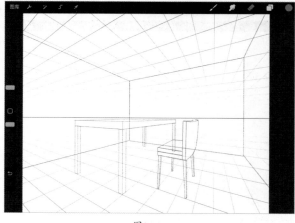

图3-104

案例训练：床

床是常规的几何体造型，难点在于床上的床单、被子和枕头等非几何体的物体。床的效果如图3-105所示。

图3-105

1. 绘制床体

01 继续沿用桌椅案例中的室内空间效果，在室内空间中绘制一个立方体，长和宽都是2000mm，如图3-106所示。由于该案例中床的造型较为简单，因此无须绘制侧视图，直接根据透视辅助线进行绘制即可。

02 目测床头的大小和位置，将床头的基本结构线绘制出来，如图3-107所示。目前，床头是一个立方体，而效果图中的床头是带有一定倾斜角度的直角梯形，现在将倾斜面绘制出来。绘制一条透视线，确定床头底面，如图3-108所示。然后将关键点连接起来，床头部分绘制完成，如图3-109所示。

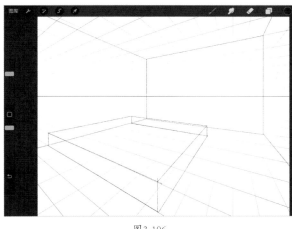

图3-106

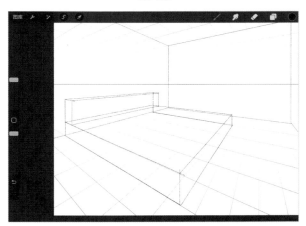

图3-107

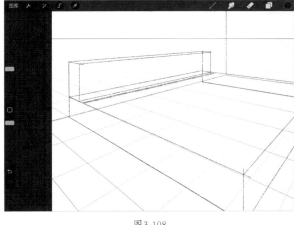

图3-108

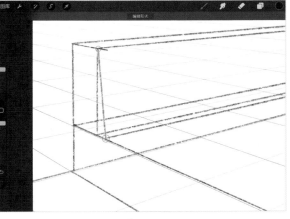

图3-109

2. 绘制床上物品

01 将多余的透视线擦除，如图3-110所示。接下来绘制床上用品，包括床垫、床单、被子和枕头。首先绘制床垫，由于床垫类似一个立方体，因此可以直接绘制一个立方体，如图3-111所示。

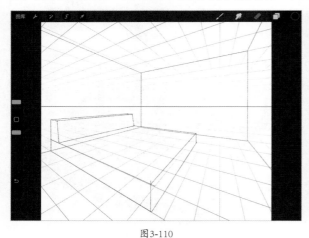 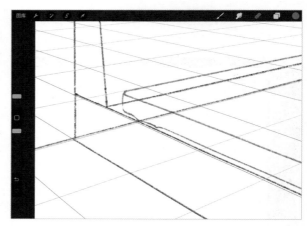

图3-110

图3-111

02 将立方体变成床垫，只需要在局部绘制一些褶皱，表现出布料的质感。具体材质可在后期上色时进行表现，这里只需将床垫的结构表达清楚即可。在图3-112所示的位置进行处理，将直线变成弧线，直角处理成圆角，在轮廓上随意地绘制一些褶皱。

图3-112

03 绘制床单。首先绘制床单的轮廓，注意要贴合床垫，如图3-113所示。然后在局部添加一些线条表现褶皱处的细节，如图3-114所示。

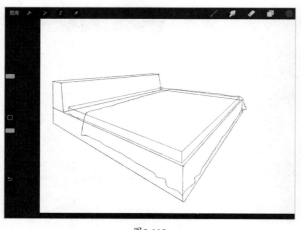 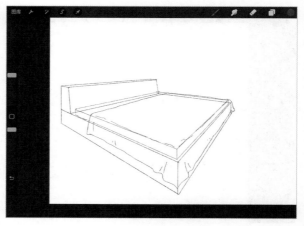

图3-113

图3-114

04 使用同样的方法将被子绘制出来，重点注意轮廓和结构部分，如图3-115所示。

图3-115

05 绘制枕头。由于枕头的形状类似于立方体，因此可以先绘制两个立方体，再绘制枕头。当然也可以直接绘制，这样方便表现枕头的褶皱效果。这里使用目测的方式将枕头的轮廓绘制出来，如图3-116所示。然后补充枕头的裙边，如图3-117所示。

图3-116

图3-117

06 将多余透视线擦除，效果如图3-118所示。在实际工作中，尽量保留每个物体的完整线稿。

图3-118

☑ 提示 ------------------------------------ 〉

　　只要将物体的基本几何体造型的透视关系表达清楚，就可以将不规则物体的透视关系表达准确了，而不规则物体的绘制重点在于其轮廓和结构线。

案例训练：柜子

　　柜子是常规的几何体，通过上述案例，相信读者应该能绘制出任意角度的柜子了，在绘制过程中只需要考虑侧视图的使用场景即可。柜子的效果如图3-119所示。

01 直接根据正视图绘制柜子的结构线。首先在室内空间中绘制一个长2400mm、宽300mm、高2400mm的立方体，如图3-120所示。

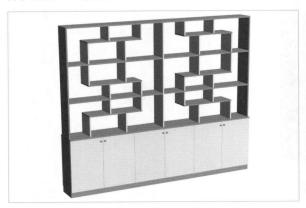

图3-119

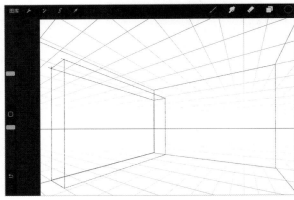

图3-120

02 打开"2D网格"绘制正视图，如图3-121所示。然后复制正视图，使用"变形"工具 将其分别贴至立方体的正面和背面，如图3-122所示。蓝色的线条表示正面，红色的线条表示背面。

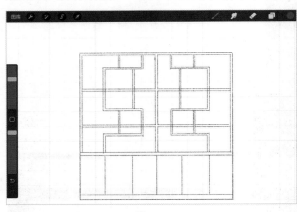

图3-121

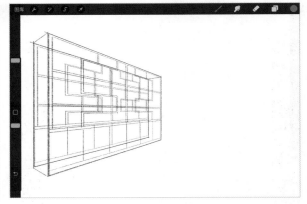

图3-122

03 将对应的关键点连接起来，这一步操作虽然简单，但是线条较多，需要着重注意。使用绿色的线条进行连接，并将多余线条擦除，如图3-123所示。

04 整体效果如图3-124所示。绘制完成后，可以新建一个图层，使用相同颜色的线条将边重新勾勒。

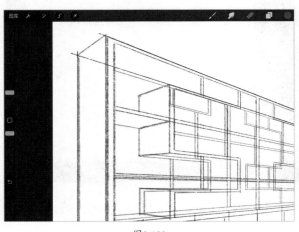

图3-123

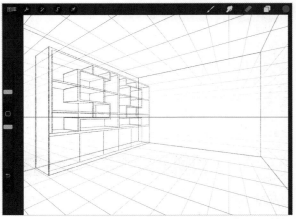

图3-124

案例训练：沙发

沙发的主体造型为基础的立方体，附加一个椭圆形的小沙发，效果如图3-125所示。由于这套组合沙发中有一个独立的椭圆形沙发，因此本案例以顶视图作为辅助视图进行绘制。

图3-125

01 假设沙发所在立方体的长、宽都为2400mm，高为600mm。首先根据尺寸在室内空间中绘制一个立方体，如图3-126所示。然后在立方体的300mm高度处绘制一个面，确定沙发坐垫高度，如图3-127所示。

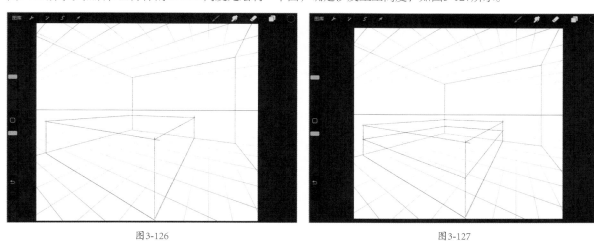

图3-126　　　　　　　　　　　　　　　　　　　　　图3-127

02 新建图层，打开"2D网格"绘制顶视图，如图3-128所示。将顶视图贴至立方体的底面，如图3-129所示。

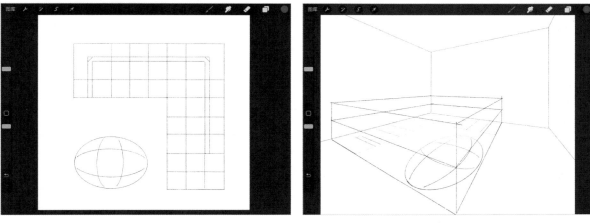

图3-128　　　　　　　　　　　　　　　　　　　　　图3-129

03 复制顶视图，将其贴至沙发坐垫所在的面，如图3-130所示。根据辅助线进行连线，将沙发的结构轮廓绘制出来，如图3-131所示。目前整体结构都较为清晰了，使用目测的方式借助立方体补充沙发靠背，如图3-132所示。

04 擦除多余的透视线，效果如图3-133所示。由于靠背具有一定倾斜角度，因此可以按照顶视图连线将倾斜角度表现出来，如图3-134所示。最后将多余的线条擦除，效果如图3-135所示。

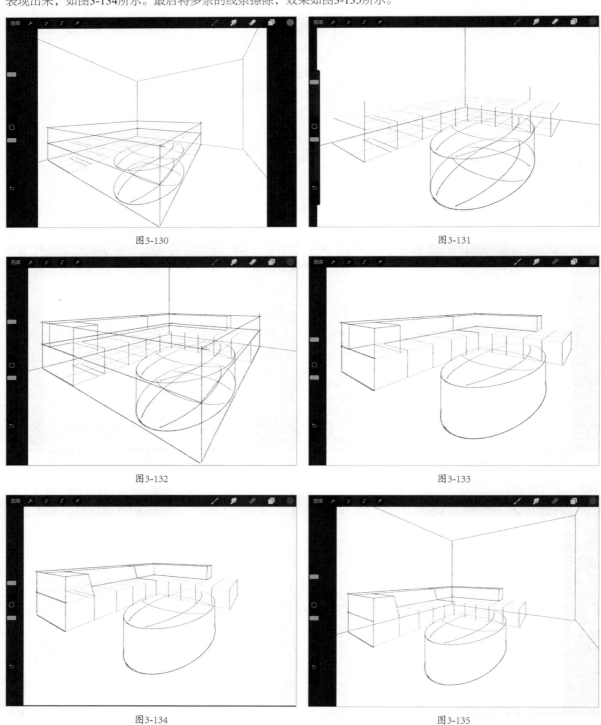

图3-130

图3-131

图3-132

图3-133

图3-134

图3-135

案例训练：装饰品

室内装饰品种类较多，大多数体积比较小的装饰品可以直接使用贴图素材，如小摆件、杯子、图书等。本案例将使用正视图和侧视图共同绘制一个装饰品，效果如图3-136所示。

图3-136

01 模型的正视图和侧视图如图3-137所示。根据模型绘制一个立方体，然后绘制出该模型的正视图和侧视图，这里就不展开讲解绘制过程了。将正视图分别贴至立方体对应的正面和背面，如图3-137所示。

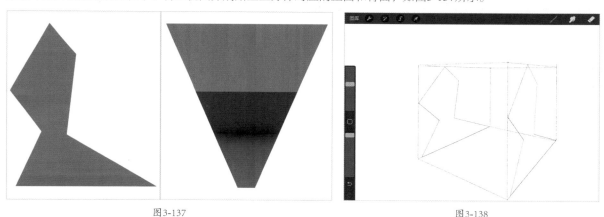

图3-137   图3-138

02 将正面和背面的正视图关键点进行连接，如图3-139所示。然后将侧视图分别贴至对应的两个侧面，如图3-140所示。

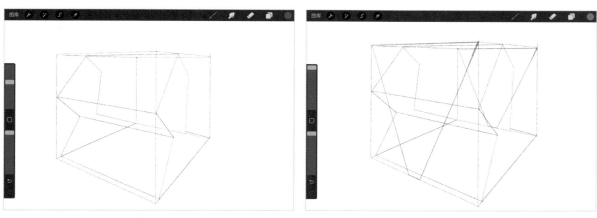

图3-139   图3-140

03 通过计算的方式找到侧面的关键点，按照图3-141所示的画面进行连线，产生4个点，即A_1、A_2、A_3和A_4。为了方便观察，每找到一个关键点就将辅助线擦除。然后找到点B，在点B处绘制一条透视线，如图3-142所示。

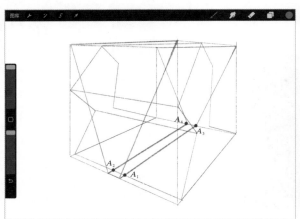

图3-141

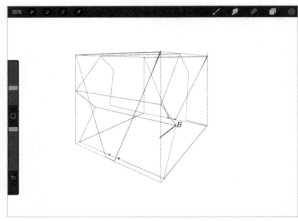

图3-142

04 根据点B处的透视线在x轴方向绘制一条透视线，此时产生B_1、B_2两个交点，如图3-143所示。然后沿着B_1、B_2绘制两条透视线，此时产生B_3、B_4两个交点，如图3-144所示。

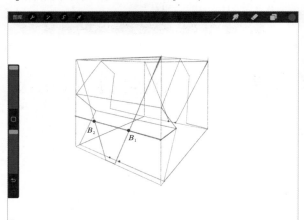

图3-143

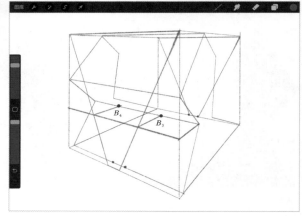

图3-144

05 运用同样的方法找到另一侧的关键点，如图3-145所示。将关键点连接起来，如图3-146所示。擦除多余的线条，最终效果如图3-147所示。

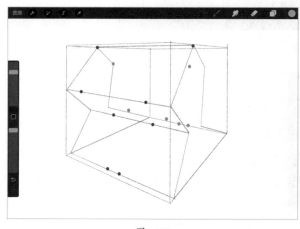

图3-145

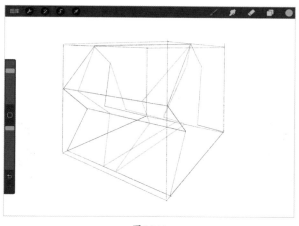

图3-146

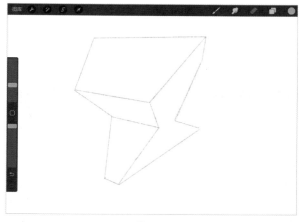

图3-147

3.4 常见的家电模型绘制

无论绘制何种物体，其绘图逻辑和操作方法都是类似的，只是复杂程度不一样。常见家具都是摆放在地面上的，而吊灯、壁灯、电视机等家电并不是摆放在地面上的，因此其绘制方法与家具的绘制方法有所不同。本节将讲解几个常见的家电模型的绘制方法。

案例训练：吊灯

吊灯的效果如图3-148所示。

图3-148

01 本案例将在顶部的中间位置绘制吊灯，假设吊灯灯罩的直径为400mm，透视辅助线每格的尺寸为400mm，在顶部绘制出立方体的顶部，如图3-149所示。

02 根据2800mm高度的墙角线来确定比例，确定立方体的高度。吊灯的高度约为1400mm，在墙角线上找到1400mm高度的点，如图3-150所示。

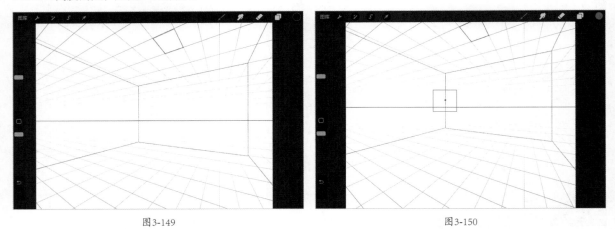

图3-149   图3-150

03 利用透视辅助线找到图3-151所示的点*A*，然后根据透视辅助线将立方体的4条边绘制出来，如图3-152所示。

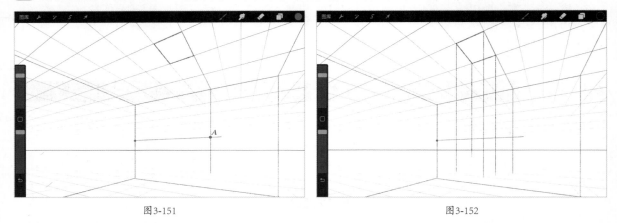

图3-151   图3-152

04 过点*A*绘制一条透视线与之前绘制的垂直线相交于点*B*，如图3-153所示，点*B*的高度即吊灯的高度。然后根据辅助线绘制出立方体底部的面，效果如图3-154所示。

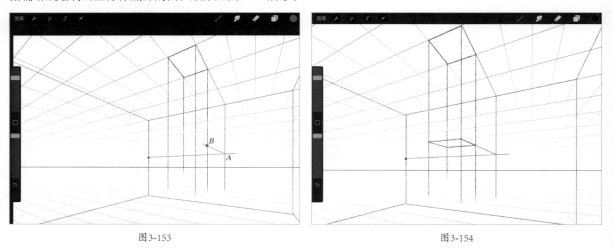

图3-153   图3-154

05 在立方体中找到吊灯的主体高度，如图3-155所示。由于该案例中的吊灯形状近似圆台，因此可以绘制一些中心辅助线，无须绘制辅助视图，如图3-156所示。

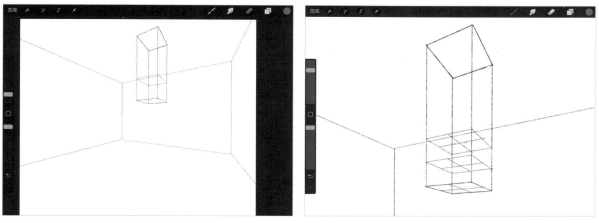

图3-155   图3-156

06 根据辅助线绘制出吊灯的横向弧线，如图3-157所示。纵向连接各弧线，如图3-158所示。最后绘制吊灯的电线和顶部的配件，如图3-159所示。擦除多余的辅助线，最终效果如图3-160所示。

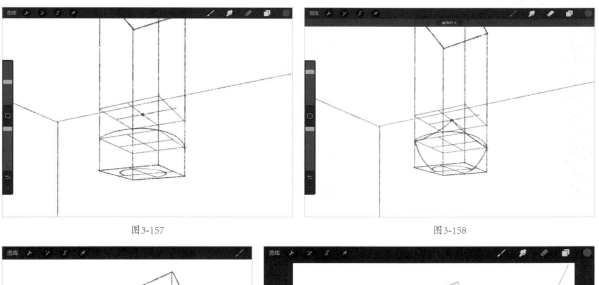

图3-157   图3-158

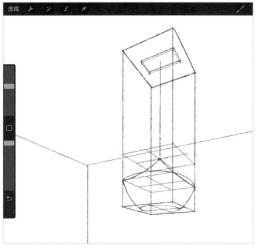
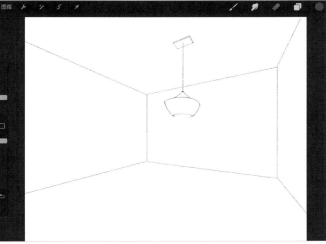

图3-159   图3-160

案例训练：壁挂电视机

绘制壁挂电视机的关键在于绘制墙上的立方体，可以直接将墙面作为地面进行绘制。

01 立方体的尺寸可以根据真实电视机的尺寸来推算，也可以根据整个场景的比例来确定，无须刻意计算尺寸。确定电视机的摆放位置，在左侧墙面上绘制一条图3-161所示的直线。

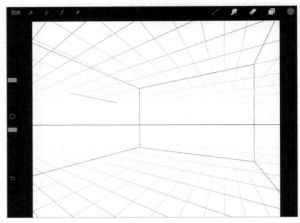

图3-161

02 根据辅助线绘制完整的立方体，如图3-162所示。然后在立方体的基础上补充屏幕部分即可，如图3-163所示。

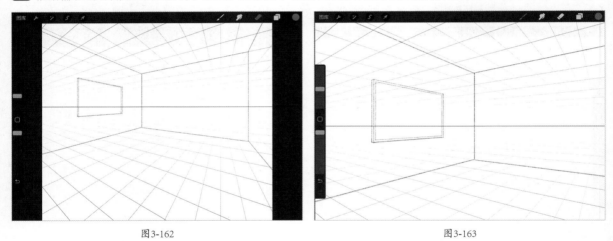

图3-162   图3-163

☑ 提示 --- ⟩

学会单体模型的绘制方法后，在实际工作中可以灵活应用，无须一板一眼地按照既定步骤进行绘制，找到适合自己的绘制方法才是最重要的。

第 **4** 章

材质绘制技法

材质是物体质感的表现，在室内设计手绘中能充分
表现场景效果，进一步增强设计美感。

本章学习重点

▶ 材质素材库

▶ 手绘中的材质系统和表现方法

▶ 常见材质的绘制方法

4.1 材质素材库

材质素材库相比模型素材库要简单一些，多数素材来源于网络。笔者建议大家分成两类素材去整理素材库。

第1类为材质贴图，如图4-1所示的木纹贴图。我们可以将常用材质贴图按照类别进行归纳，如木纹、石材、壁纸、布纹等。每当有新的素材时，就将其归纳至素材库中，养成收集素材的好习惯。

第2类为材质笔刷类，常见的有木纹笔刷、石材笔刷、植物笔刷等，如图4-2所示为导入的木纹笔刷。可以多收集一些笔刷素材，需要用到什么类型的笔刷就将其导入Procreate中，尽量不要全部导入，防止数量过多而产生混乱。

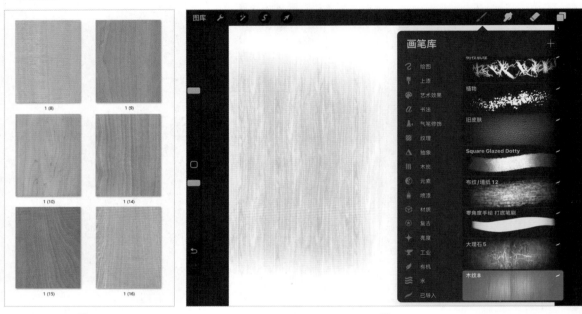

图4-1   图4-2

4.2 手绘中的材质系统和表现方法

材质的绘制方法与单体模型的绘制方法是相通的。一些初学者绘制材质时往往会从单个具象元素出发，学会一种材质的绘制方法后，又开始学习另一种材质的绘制方法，这种学习方法效率低，且不具有逻辑性。

Procreate中的材质系统借用了三维软件的材质架构，所有的材质都可以由3个元素组合而成，即漫反射、反射和折射。也就是说，在绘制任何材质时只需要将这3个效果表现出来即可。

接下来以木纹材质球为例讲解。这里事先说明，材质需要配合灯光产生效果，本章中所有的案例都有光照的效果，光效内容会在第5章中进行讲解。

4.2.1 材质笔刷

使用材质笔刷表现材质的方式较为灵活，可根据自身喜好控制想要表现出的效果。

1. 漫反射效果

01 绘制一个圆，如图4-3所示。长按右上角的"颜色"工具 ⬤ 并拖曳至圆中，如图4-4所示，即可为该圆填充蓝色，效果如图4-5所示。上色的目的是保留一层底色，方便后续建立"剪辑蒙版"。这里需注意，快速填色功能只对封闭的线稿起作用。

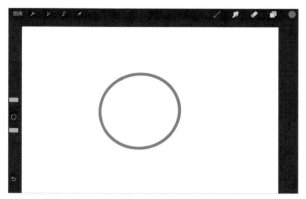

图4-3

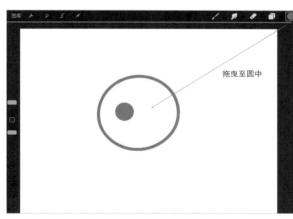

图4-4

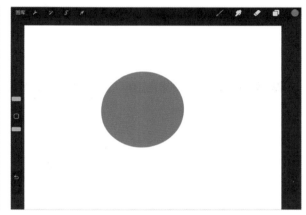

图4-5

02 漫反射可以简单地理解为人眼看到的物体的颜色，它可以是某个颜色、某个纹理，也可以是某个图案。现在要绘制木纹材质球，用木纹笔刷来绘制。新建一个图层，即"图层2"，位于"图层1"的上方，点击"图层2"名称栏，选择"剪辑蒙版"，如图4-6所示。在"图层2"中建立"剪辑蒙版"后就可以任意绘制了。

03 选择"木纹8"笔刷，然后设置"颜色"为棕色，如图4-7所示。

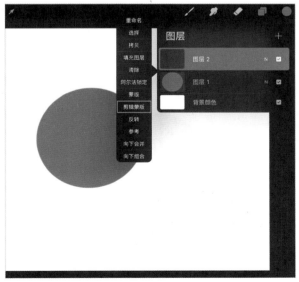

图4-6

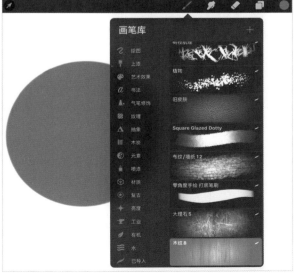

图4-7

04 用笔刷将整个圆涂满，效果如图4-8所示。此时透过木纹能看到底层的蓝色，整个材质表现效果略差。因为笔刷不像贴图素材可以完全覆盖底层颜色，所以使用笔刷时要注意观察效果。

图4-8

05 新建一个图层，即"图层3"，移动其至"图层1"和"图层2"的中间，如图4-9所示。因为"图层3"在两个有剪辑蒙版关系的图层之间，所以此图层也具有了剪辑蒙版效果。在"图层3"中使用黑色的画笔任意涂抹，效果如图4-10所示。此时木材的漫反射效果就制作完成了。

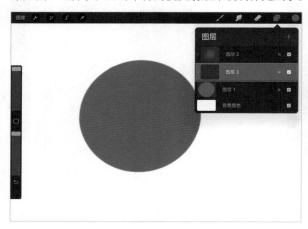

图4-9

图4-10

2. 反射效果

物体表面越光滑，反射强度就越强。举个例子，没有经过打磨处理的原木，它的反射强度很弱，如果将原木进行抛光打磨变成木地板，那么它的表面就有了一定的反射强度。

反射效果表现在反射强度、光泽度和高光这3个方面。光泽度相当于反射中的模糊效果。例如抛光砖和防滑砖，两者都具有反射效果。抛光砖表面光滑，反射到其他物体上很清晰，它的光泽度就高，反射强度也高。防滑砖表面粗糙，反射到其他物体上光影模糊，它的光泽度就低，反射强度也较低。光照射到物体上，物体上最亮的部分为高光。

01 首先演示反射强度的绘制方法，为了达到更真实的效果，绘制一束从右上方照射进来的灯光，效果如图4-11所示。

图4-11

02 有了灯光之后，球体的立体感就凸显了出来，接下来处理木质纹理，选择纹理所在的图层，点击"变形"工具，然后选择"弯曲"，如图4-12所示。利用"弯曲"功能让纹理布局符合球体的走向，如图4-13所示。

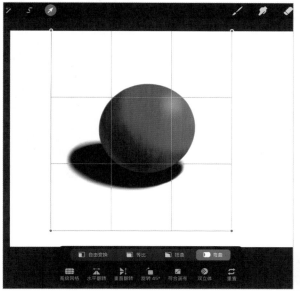

图4-12

图4-13

03 如果球体附近有一扇窗户，那么这扇窗户的轮廓将会反射到球体上。有了具体反射影像之后，高光不会只呈现出一个高光点，所以隐藏球体上的高光，效果如图4-14所示。

图4-14

04 假设窗户拉上了窗帘，新建一个图层，导入一张窗帘素材贴图，如图4-15所示。然后使用"变形"工具将窗帘移动至球体上，并调整形状，如图4-16所示。

图4-15

图4-16

05 选择窗帘所在的图层，将"不透明度"调整至65%，如图4-17所示。

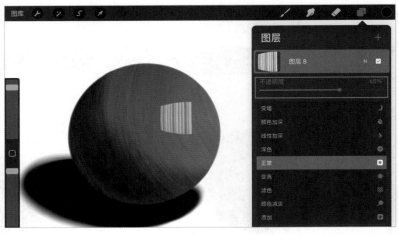

图4-17

06 接下来演示光泽度的绘制方法，目前球体表面过于光滑，可以清晰地看到反射物体的影像。一般情况下木材表面的光泽度不会很高，为了符合光影效果，需要调整反射物体的模糊度。选中窗帘所在的图层，执行"调整>高斯模糊"菜单命令，如图4-18所示。

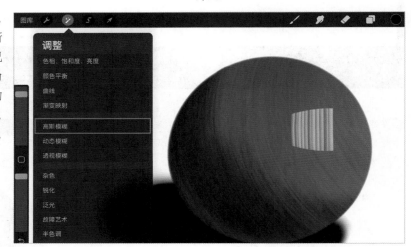

图4-18

07 进入"高斯模糊"状态后，画面顶部会显示当前的参数值，左右划动屏幕即可调整其数值大小，现在将数值调整至5%，此时效果如图4-19所示。将数值调整至8%，效果如图4-20所示，此时比较接近真实木材的光泽度。

图4-19

图4-20

08 最后绘制高光效果，将之前隐藏的高光点显示出来，如图4-21所示。由于灯光是从右上方照射下来的，因此对应的高光位置是正确的。如果窗外有日光，那么日光也会产生高光效果。新建一个图层，在窗户附近涂抹一些高光效果，如图4-22所示。

图4-21

图4-22

09 此时高光布局有些散乱，可以在窗户边缘用白色"软画笔"轻轻涂抹，效果如图4-23所示，反射效果就绘制完成了。

图4-23

 提示 ----------------- ⟩

折射可以理解为透明度，由于当前的材质是木材，因此不需要绘制折射效果。室内设计中需要绘制折射效果的物体较少，一般类似玻璃材质的物体才会有折射效果，具体的绘制方式会在后续玻璃材质章节中讲解。

4.2.2 材质贴图

用木纹笔刷表现材质的方法大家应该已经基本掌握了，接下来讲解用木纹贴图来制作木纹材质球的方法。

01 导入一张木纹贴图，如图4-24所示。

02 将贴图移动至圆上方，然后选择"剪辑蒙版"，调整好大小和纹理走势，如图4-25所示。最终呈现效果区别不大，区别在于贴图无须设置底色，而笔刷要灵活一些，可以自由设置底色。

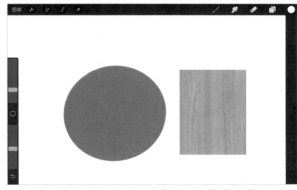

图4-24

图4-25

提示 ------------ ⟩

无论绘制什么材质，只要分别绘制出漫反射、反射、折射效果就可以实现了。

4.3 常见材质的绘制方法

本节主要讲解常见材质的绘制方法和思路，材质的表现与模型的选择有一定关系，要根据生活常识来判断什么样的模型适合什么材质。

案例训练：皮革材质

下面用一把椅子来演示皮革材质的绘制方法，首先明确椅子的上半部分为皮革材质，下半部分为木材，如图4-26所示。

01 新建"椅子底色"图层，将其移动至线稿图层的下方，选择一种类似皮革的颜色为椅子上色，如图4-27所示。

图4-26   图4-27

02 新建一个图层，并移动其至"椅子底色"图层的上方用于添加纹理效果，然后为该图层创建"剪辑蒙版"，如图4-28所示。

03 选择可以表现皮革纹理的笔刷，设置颜色为黄色。使用笔刷在椅面边缘轻轻涂抹一笔，效果如图4-29所示。加大笔刷涂抹力度，效果如图4-30所示。由此可知笔刷涂抹出的效果与下笔力度有关，因此要合理控制涂抹力度。

图4-28   图4-29   图4-30

04 在椅背处轻轻涂抹一层皮革纹理，目前整体效果较为均匀，如图4-31所示。在椅背边缘的位置加大力度涂抹一笔，此时椅背效果就丰富了一些，如图4-32所示。

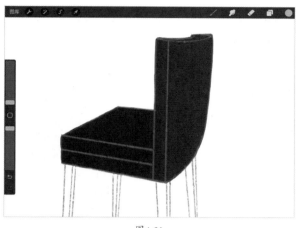

图4-31

图4-32

05 由于不同的面明暗效果不同，涂抹过程中可以添加一些渐变效果，此时漫反射效果就制作完成了，如图4-33所示。

06 制作反射效果。新建一个图层，并创建"剪辑蒙版"。如果椅子在一个白色背景的室内空间中，那么反射到椅子上就会呈现出白色的光晕。仍旧使用皮革纹理的笔刷，颜色设置为白色，然后在椅子上进行涂抹，效果如图4-34所示。

图4-33

图4-34

07 由于使用笔刷涂抹时力度过重，因此椅子上的反射效果过于强烈，可以通过调整图层的"不透明度"来解决这个问题，调整后的效果如图4-35所示。设置"高斯模糊"为8%，最终皮革材质效果如图4-36所示。

图4-35

图4-36

08 处理一下线稿。选择"椅子线稿"图层，然后选择"阿尔法锁定"，如图4-37所示。锁定之后，将笔刷颜色设置为与皮革颜色相似的深棕色，然后在椅子上进行涂抹，线稿颜色就会替换成目前所选的颜色，如图4-38所示。

图4-37   图4-38

案例训练：木纹材质

01 继续使用上述椅子，为椅脚部分绘制木纹材质，绘制方法与之前的木纹材质球相同，添加一层黑色的底色，效果如图4-39所示。

02 新建一个图层，并移动至黑色底色所在图层的上方，然后创建"剪辑蒙版"，接着使用木纹笔刷进行涂抹，效果如图4-40所示。

03 新建一个图层，并移动至木纹纹理所在图层的上方，然后使用白色"软画笔"进行涂抹，绘制反射效果，效果如图4-41所示。

图4-39   图4-40   图4-41

案例训练：砖石材质

砖石材质的绘制方法与上述案例基本相同，只需要着重注意砖石材质的透视效果。绘制地砖、墙砖类材质时，建议使用贴图素材，其产生的效果较好，绘制的效率也要比使用笔刷更高一些。

01 新建一个图层用于涂抹底色，颜色可自行选择，如图4-42所示。

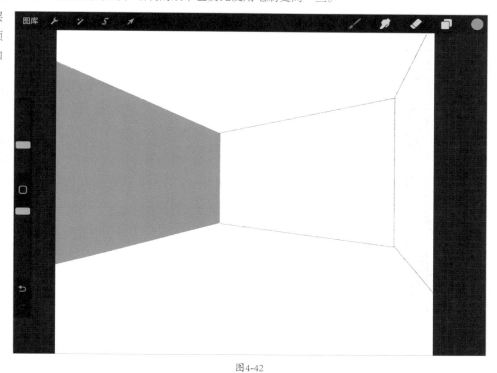

图4-42

02 在底色图层上方新建一个图层，然后导入一张墙砖贴图，如图4-43所示。

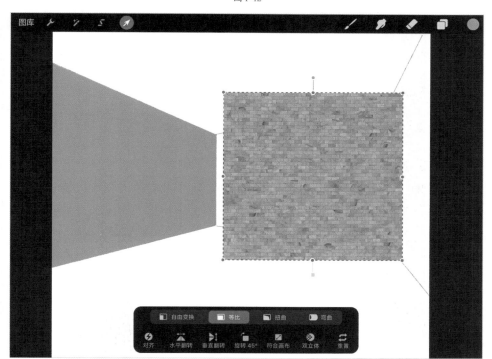

图4-43

03 使用变形工具调整贴图大小和角度，将贴图贴合至墙面，并创建"剪辑蒙版"，此时墙砖的纹理效果与整个场景的透视关系不符，如图4-44所示。

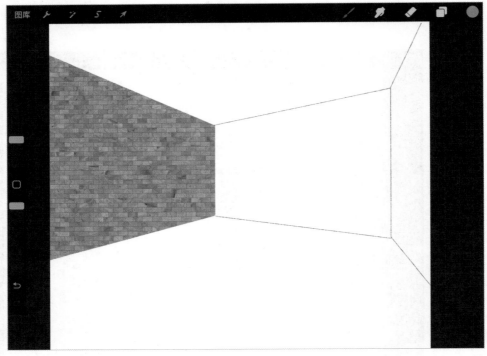

图4-44

04 撤销上一步操作，然后使用"变形"工具 中的"扭曲"功能将贴图与墙面的透视角度相对应，如图4-45所示。如果觉得墙砖的大小有问题，可以先将贴图缩放至合适的大小，再使用"扭曲"功能进行调整。

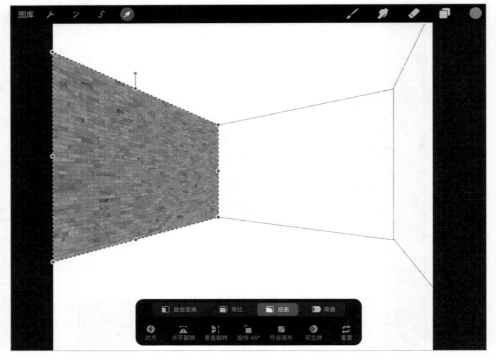

图4-45

05 绘制反射效果。将室内所有物体的反射效果都绘制在墙面上是不现实的，这里使用色块简化反射影像。新建一个图层，并移动至贴图所在图层的上方，然后创建"剪辑蒙版"。

06 假设右侧有一个落地窗，通过落地窗可以看到外面的天空，并且落地窗处还放了一盆绿植。选择"奥伯伦"笔刷，颜色设置为淡蓝色，如图4-46所示。确定落地窗的反射位置，使用画笔进行涂抹，然后设置"高斯模糊"为18%，如图4-47所示。

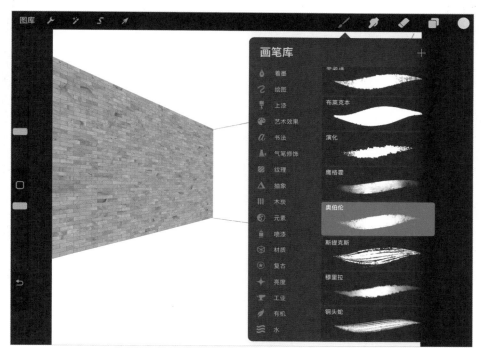

图4-46

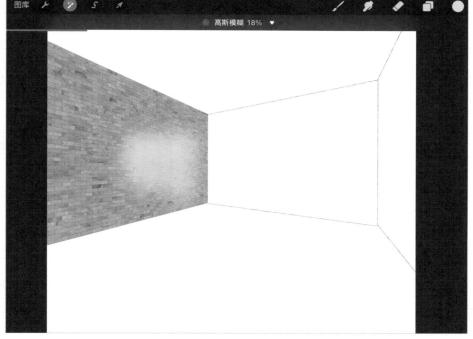

图4-47

07 调整反射强度，设置图层的"不透明度"为55%，此时反射窗外蓝天的效果就出来了，如图4-48所示。

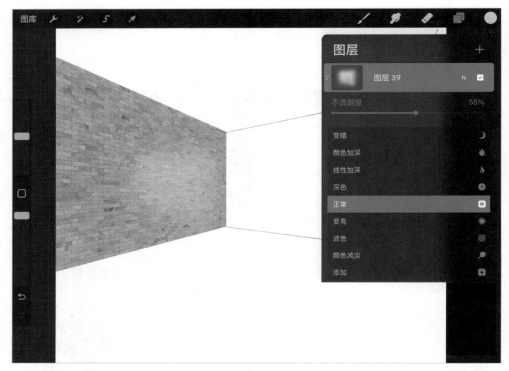

图4-48

08 绘制绿植的反射效果。新建一个图层，将笔刷颜色设置为绿色，然后进行涂抹，并设置"高斯模糊"为18%，图层的"不透明度"为53%，如图4-49所示。

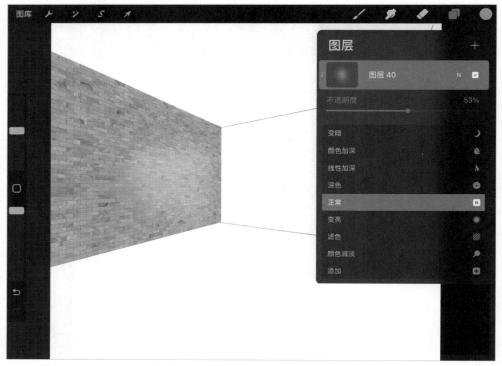

图4-49

09 反射效果制作完成后，补充一些高光。为了与蓝色的天空进行区分，使用白色的笔刷绘制高光部分，效果如图4-50所示。最后将"不透明度"设置为41%，最终效果如图4-51所示。

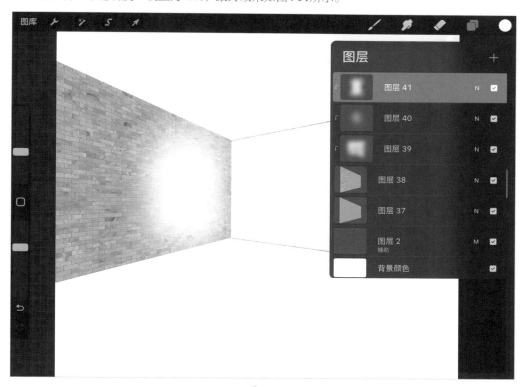

图4-50

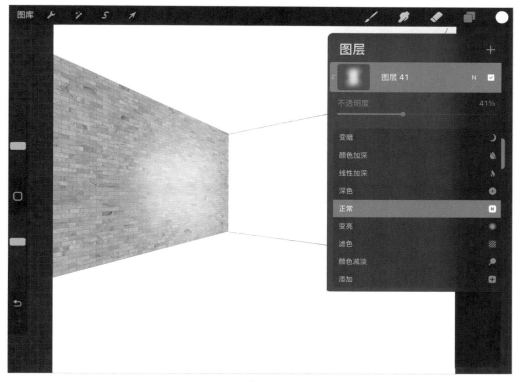

图4-51

案例训练：金属材质

金属材质的特点是反射较为强烈，亮部和暗部的对比差异较大。这里以茶几为例，讲解金属材质的绘制方法，如图4-52所示。

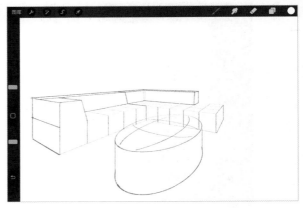

图4-52

01 新建图层用于绘制底色，也可以使用金属材质的贴图，效果如图4-53所示。

02 假设光源在茶几的侧前方，由于茶几是一个曲面，因此先做一些明暗渐变，距离光源越近的地方越亮，两侧逐渐变暗。新建一个图层并创建"剪辑蒙版"，选择"软画笔"并使用比底色稍暗的深棕色在两侧的暗部进行涂抹，如图4-54所示。

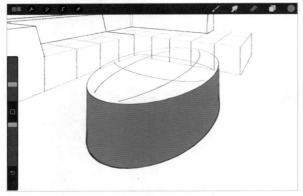

图4-53

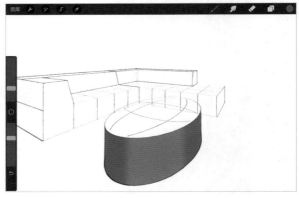

图4-54

03 选择"硬画笔"，用较暗的颜色绘制暗部，如图4-55所示。如果暗部边缘生硬，可以使用"涂抹"工具进行涂抹，如图4-56所示。注意，涂抹出来的边缘效果与使用"软画笔"直接绘制的是不一样的。

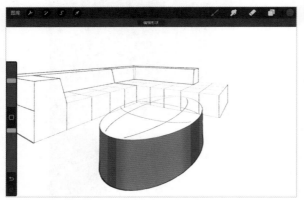

图4-55

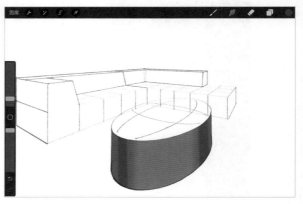

图4-56

04 由于金属的亮部和暗部对比强烈，因此选择白色的画笔绘制亮部，如图4-57所示。然后进行过渡处理，如图4-58所示。这里的暗部和亮部就是之前讲过的物体反射影像，只是在绘制金属时一般都会简化。

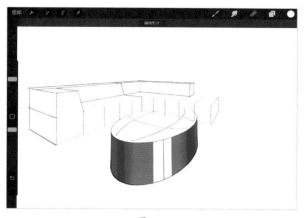

图4-57

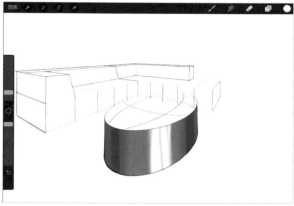

图4-58

05 新建一个图层，使用偏黄色的"软画笔"绘制高光部分，如图4-59所示。选择一个比暗部稍亮的颜色，在暗部绘制反光效果，最终效果如图4-60所示。

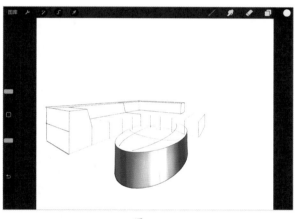

图4-59

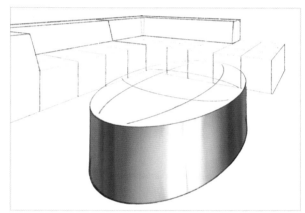

图4-60

案例训练：玻璃材质

玻璃在室内场景中应用不多，主要以窗户为主，如图4-61所示。

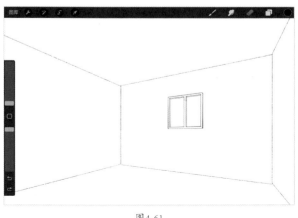

图4-61

01 因为玻璃是透明的，所以要将窗外的景色绘制出来。为了方便观察，先为墙体和窗户轮廓上色，如图4-62所示。导入一张外景贴图，并贴合至窗户处，如图4-63所示。

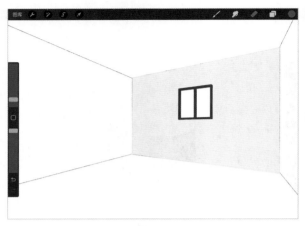

图4-62

图4-63

02 新建一个图层，将其移动至窗户外景贴图所在图层的上方，然后为玻璃窗涂抹一层白色的底色，如图4-64所示。为了表现玻璃的折射效果，将新建图层的"不透明度"设置为30%，如图4-65所示。

图4-64

图4-65

03 折射效果处理好后，接着处理玻璃的反射效果。反射效果的绘制方法与前面的案例一样，只需要把控好下笔力度即可。绘制反射效果时可以绘制室内物体，也可以使用简单的色块来表现。这里使用了白色的"软画笔"进行涂抹，最终效果如图4-66所示。

图4-66

案例训练：布料材质

　　布料材质常用于制作沙发、床单、被套等，由于这类材质只有漫反射效果，因此只需要绘制好表面效果即可，其难点在于绘制出褶皱效果。接下来以被子为例演示一下布料材质的绘制方法，如图4-67所示。

图4-67

01 新建一个图层，并涂抹底色，如图4-68所示。此时线稿的颜色与被子的底色差别较大，将线稿的颜色设置为与底色相近的颜色，如图4-69所示。

02 表现褶皱的要点在于绘制暗部，在底色图层上方新建一个图层并创建"剪辑蒙版"，然后将图层模式设置为"正片叠底"，如图4-70所示。

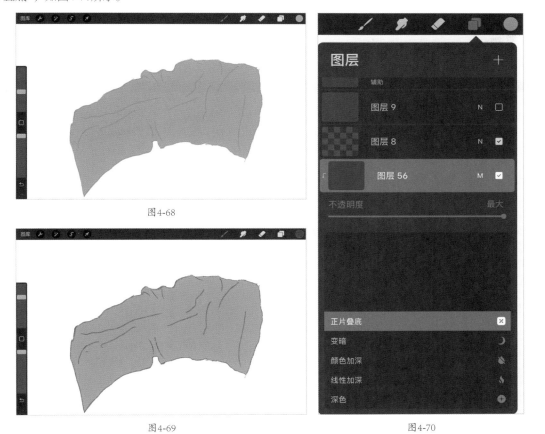

图4-68

图4-69

图4-70

03 选择"软画笔"，颜色保持不变，然后绘制暗部，顺着褶皱方向对凹进去的地方进行涂抹，而非涂抹在褶皱线上，如图4-71所示。最终涂抹完成的效果如图4-72所示。如果想进一步细化，可以添加一些渐变效果。

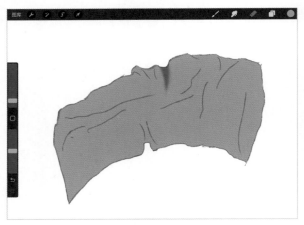
图4-71

图4-72

案例训练：塑料材质

　　塑料材质常用于制作电器外壳，如电视机、空调等，其特点在于有反射效果。接下来以电视机外壳为例展示塑料材质的绘制方法。

01 绘制底色，注意这里电视机侧面的亮度比正面暗一些，如图4-73所示。

02 新建一个图层并创建"剪辑蒙版"，用白色的"软画笔"绘制反射效果，最终效果如图4-74所示。这里需注意，电视机在关机的状态下，黑色屏幕的反射效果较为强烈，而塑料材质的边框反射效果较模糊，两者形成虚实对比。

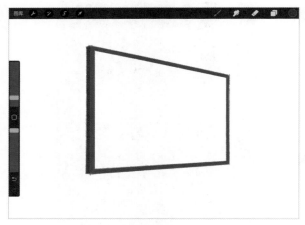
图4-73

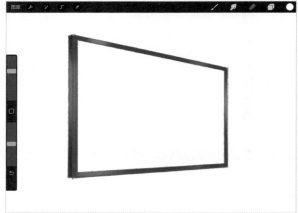
图4-74

第 **5** 章

光效绘制技法

光效在室内设计手绘中的表现形式是多种多样的。设计师通过绘制光效不仅能提升室内画面效果，还能营造一定的氛围，更易打动客户。

本章学习重点

▶ 素描基础

▶ 光效的绘制方法

▶ 光效的分类

▶ 投影和闭塞

关于素描基础，有人认为素描是手绘的基础，不学习素描难以绘制出好的作品，也有人认为不学习素描照样能绘制出好的作品。笔者认为，还是要学习素描，因为学习素描是为了应用于工作，所以学习素描的关键在于提取有助于工作开展的知识和技能。本节会从素描基础的实用性出发进行讲解，与室内设计工作相关联。

接下来以球体为例来介绍素描中的"三大面五大调"，掌握了"三大面五大调"的绘制原理，就能绘制出具有立体感的物体了。

绘制一个灰色的圆，此时的球体还不具有立体感，如图5-1所示。

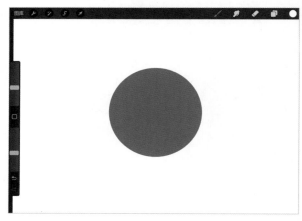

图5-1

假设光源从左上方投射到球体上，此时球体的立体感就凸显出来了，如图5-2所示。为了方便观察，将背景颜色修改为灰色，如图5-3所示。

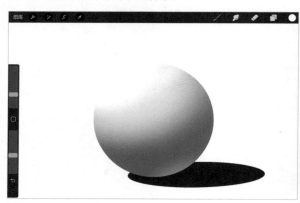

图5-2

图5-3

光源直射到的面为受光面，是球体最亮的部分，也就是"三大面"中的亮面。球体右下方没有受到光源直射的面叫作背光面，也就是"三大面"中的暗面。中间的过渡部分为"三大面"中的灰面，如图5-4所示。

提示

如果想要表现出物体的立体感，那么就需要将"三大面"绘制出来，并且每个面之间要有过渡。

图5-4

"五大调"指高光、亮灰面、明暗交界线、暗部和反光，如图5-5所示。高光是光源直射到物体上最亮的部分，如果这个物体有反射效果，那么就会产生高光点，如图5-6所示。亮灰面可以叫作亮面，也可以叫作灰面，越接近高光的部分越亮，越接近暗部的部分越灰暗，是一个渐变过渡的面。明暗交界线是在光源直射下，受光面和背光面之间产生的交界线。背光面为暗部。反光是没有受到光源直射的面在受到地面光反射后产生的效果。

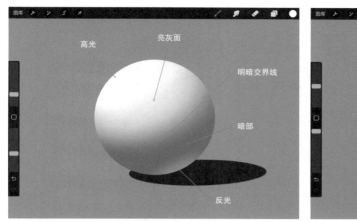
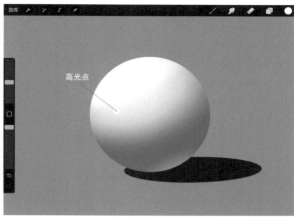

图5-5   图5-6

5.2 光效的绘制方法

01 绘制一个圆并填充灰色，如图5-7所示。假设光源在右上方，且覆盖了整个球体，如图5-8所示，由此能够想象到球体受光面和背光面的分布情况。

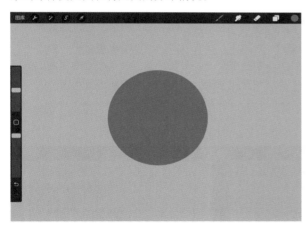
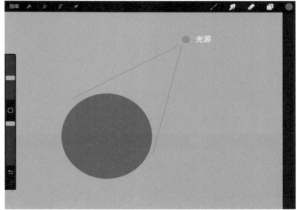

图5-7   图5-8

02 找到明暗交界线，如图5-9所示。新建一个"打光"图层，并移至"图层1"的上方，然后创建"剪辑蒙版"，如图5-10所示。

☑ 提示 ------------------- >

　　在日常生活中，读者可以多观察一下灯光照射下物体呈现出的状态，有一定经验后就能快速找到明暗交界线了。

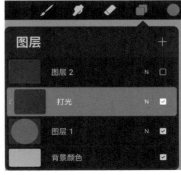

图5-9   图5-10

03 由于亮灰面是一个过渡面，因此可以直接使用Procreate中的"软画笔"和"软气笔"进行绘制，这两种笔刷自带渐变效果。假设光源是白色的，那么可以选择"软画笔"，颜色设置为白色，画笔大小根据实际画面大小而定，如图5-11所示。

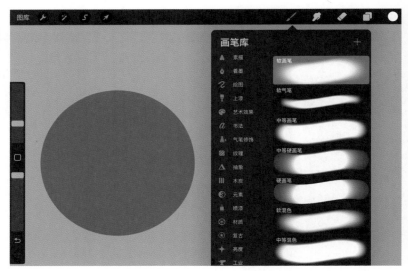

图5-11

04 由于光从右上方照射下来，因此在球体右上方轻轻涂抹一笔，效果如图5-12所示。在涂抹时只需要控制好下笔力度，就能绘制出亮灰面的过渡效果，绘制过程中可以配合"擦除"工具 ✎ 进行细化。全部涂抹完成后的效果如图5-13所示。

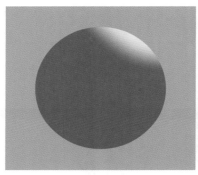

图5-12   图5-13

05 绘制投影效果。复制"图层1"，点击"变形"工具 ↗，用"扭曲"功能将圆变形成投影，如图5-14所示。最后将投影颜色调暗一些，如图5-15所示。

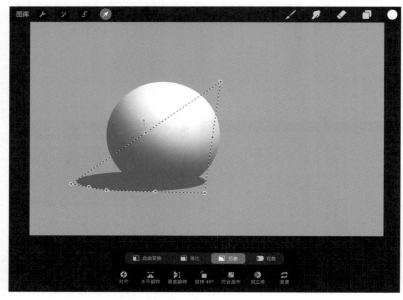

图5-14

图5-15

06 反光效果只需在反光处用"软画笔"轻轻涂抹一笔即可完成，效果如图5-16所示。下面演示一下图层修改光效的技法，将白色的光源修改为黄色，最终效果如图5-17所示。

图5-16

图5-17

07 "图层5"在默认情况下是"正常"模式，点击图层右侧的"N"即可展开图层模式的选择菜单，如图5-18所示。用于制作光效的图层模式有"正常""滤色""颜色减淡""添加""浅色""柔光""强光""亮光""线性光"。

08 这里展示3种常用模式。"滤色"模式下的光效较为柔和，如图5-19所示。"颜色减淡"模式下的效果比"滤色"模式更似光照效果，颜色较淡，如图5-20所示。"强光"模式下的光照效果、光感和颜色较重，如图5-21所示。

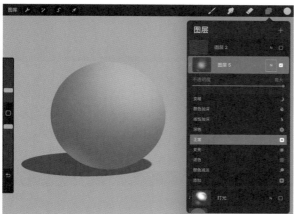
图5-18

图5-19

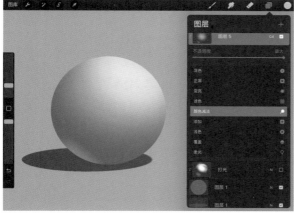
图5-20

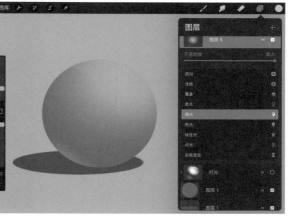
图5-21

5.3 光效的分类

室内设计手绘中的光效一般分为3大类，即自然光、室外进光和人造光。自然光指整个室内空间中既没有室外直射进来的阳光，也没有室内的灯光。室外进光一般指阳光。人造光指家电产生的光，如各类灯、显示器产生的光。

5.3.1 自然光

自然光是白天时的室内效果，这类光的特点是柔和，整个空间内没有过于强烈的光效，绘制时只需在给物体上色后再添加一些亮度渐变即可。

室内空间中的自然光具有方向性，图5-22所示的空间中有一个窗户，自然光透过这个窗户照亮整个室内空间。一些背靠窗户的面，虽然也受光，但是会稍微偏暗，我们可以抓住这个关键点进行绘制。

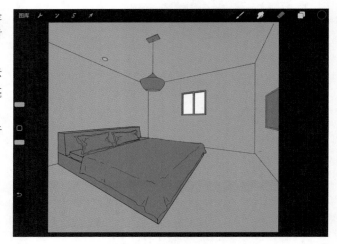

图5-22

01 绘制左侧的墙面。选择"软画笔"，颜色设置为淡蓝色，如图5-23所示。新建一个图层，在左侧墙面轻轻涂抹，如图5-24所示。绘制时要注意光的衰减效果，靠近墙角处和摄影机镜头处的光会慢慢减弱。这里刻意将颜色涂抹得深了一些，目的是让大家看清颜色的渐变效果，后续可以通过调整图层的"不透明度"来修正颜色。

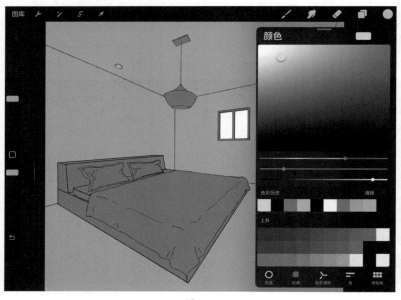

图5-23   图5-24

02 将图层模式修改为"滤色"，效果如图5-25所示。由于此时的亮度过高，不符合自然光下的室内效果，因此将"不透明度"调整至60%进行修正，如图5-26所示。

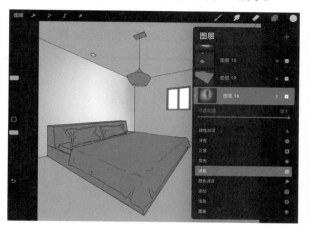

图5-25

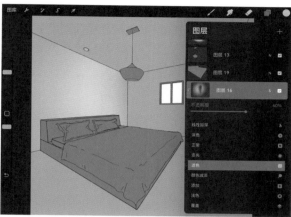

图5-26

03 用上述方法将另外几个墙面的光效绘制出来，可以将不同墙面的"不透明度"设置为不同数值，从而表现出更多的细节变化。"正常"图层模式下的效果如图5-27所示，"滤色"图层模式下的效果如图5-28所示。

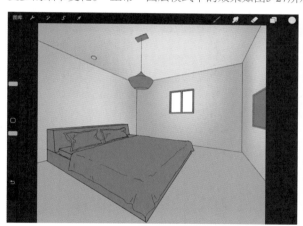

图5-27

图5-28

04 绘制地板和家具的光效。可以先绘制地板处的光效，再将其压暗一点，以稳定整个室内空间，也可以在上色前直接选择一个偏暗的颜色涂抹地板，效果如图5-29所示。

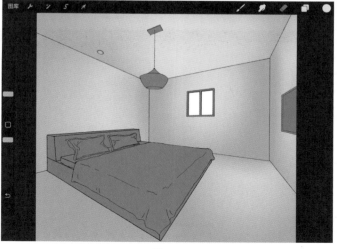

图5-29

05 关于家具光效的绘制方法，这里只演示床的绘制过程，吊灯、筒灯、电视机等家具的光效会在后续人造光中统一讲解。用"软画笔"在床上进行涂抹，效果如图5-30所示。修改图层模式为"滤色"并调整"不透明度"，效果如图5-31所示。此时家具的自然光效就绘制完成了。

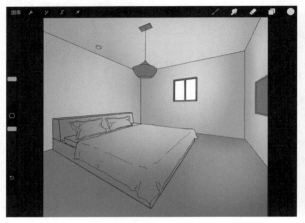

图5-30

图5-31

5.3.2 室外进光

室外进光可以是太阳光、月光，也可以是窗外的路灯，这里以太阳光为例。太阳光的方向不同，其光效也不同，光照射在墙面上、床上、地板上的光效是不一样的，此外还需要知道太阳光的斜率等科学知识。

01 现在绘制太阳光照射在床上的效果。新建一个图层并移动至图层列表的顶部，然后将画笔颜色设置为偏暖色调的橙色，并在床面上绘制出光照范围，如图5-32所示。

图5-32

02 将图层模式设置为"颜色减淡"，效果如图5-33所示。由于窗户中间还有窗框，因此太阳光照射进来时会产生竖条投影，此时只需要用"橡皮擦"工具把中间的光擦掉，窗户的投影效果就绘制完成了，如图5-34所示。

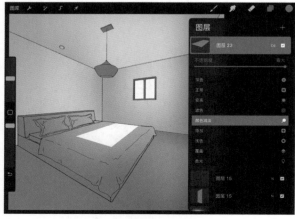

图5-33

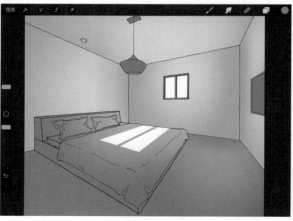

图5-34

5.3.3 人造光

此时的室内场景中有3种人造光，即筒灯、吊灯和电视机。

1. 筒灯

01 新建一个图层，选择"lines"灯光笔刷，颜色设置为白色，如图5-35所示。

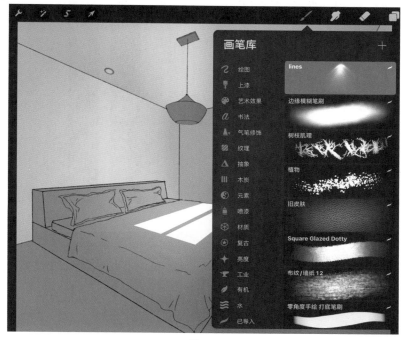

图5-35

02 使用笔刷进行涂抹，效果如图5-36所示。此时的光照角度不太准确，使用"变形"工具 ↗ 修正即可，如图5-37所示。

图5-36

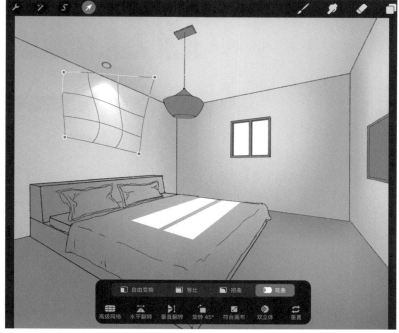

图5-37

2. 吊灯

01 新建一个图层，选择一个偏暖的颜色，使用"软画笔"在吊灯中间轻点一下，点状光源就模拟出来了，如图5-38所示。将图层模式设置为"强光"，吊灯本体的发光效果就绘制完成了，如图5-39所示。

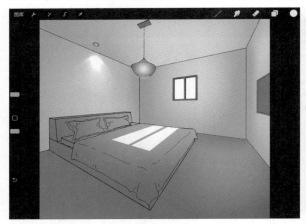

图5-38

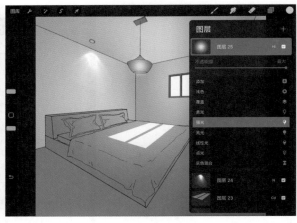

图5-39

02 接下来绘制吊灯照射到其他地方的效果。使用与前一步相同的笔刷和颜色在吊顶位置轻轻涂抹一笔，效果如图5-40所示。

☑ 提示 - >

　　吊灯是类似球体的点状光源，呈现出的光效是由发光物体向四周扩散形成的。绘制类似的光效时首先要注意发光体本身的效果，其次是光照射到其他地方的效果。

图5-40

3. 电视机

01 电视机也同样遵循吊灯光效的两个特点，一个是本体的发光效果，另一个是光照射到其他地方的效果。导入一张贴图并使用"变形"工具 🏹 贴合至电视机的屏幕处，用于制作电视机打开的效果，如图5-41所示。

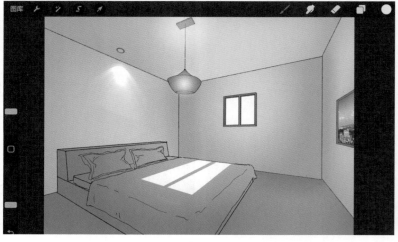

图5-41

02 新建一个图层并移动至电视机贴图所在图层的上方，将"软画笔"的颜色设置为蓝色，然后在电视机下方进行涂抹，如图5-42所示。将图层模式设置为"滤色"，此时电视机的发光效果就制作完成了，如图5-43所示。

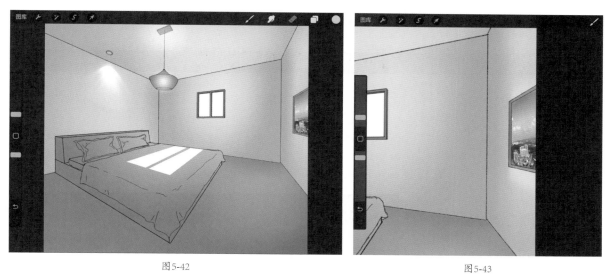

图5-42　　　　　　　　　　　　　　　　　图5-43

03 在床尾及接近电视机下方的地板处进行涂抹，绘制出其他地方的光照效果，最终效果如图5-44所示。

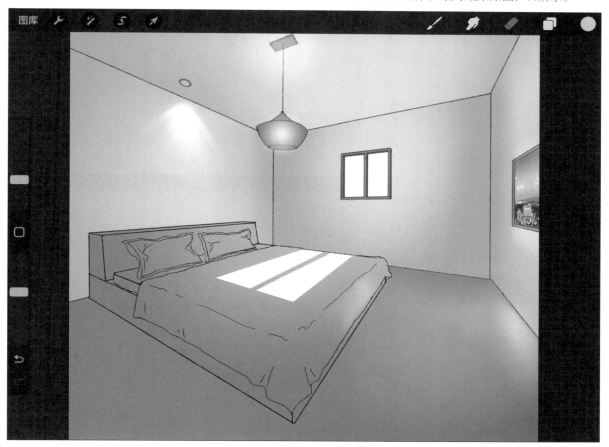

图5-44

5.4 投影和闭塞

投影和闭塞是室内场景中的点睛之处，能够丰富画面信息，使物体更具立体感。

5.4.1 投影

正常情况下每个光源都会产生投影，且每个物体都有5层投影。然而在实际工作中，无须将所有光源产生的投影都绘制出来，避免影响整个场景的表达效果。

投影的绘制方法与光效的绘制方法类似，可以直接使用画笔绘制，也可以使用图层效果，这里建议使用图层模式中的"正片叠底"来制作。画笔使用"软画笔"或"硬画笔"，只需要准确表达当前场景投影的虚实比例即可。

01 继续沿用上述案例中的室内场景，新建一个图层，使用"硬画笔"在吊顶的灯座周围绘制出大概的投影效果，如图5-45所示。

图5-45

02 当前的投影轮廓较为生硬，可以使用"涂抹"工具 对边缘进行涂抹，使之柔化，也可以在绘制时直接使用"软画笔"，效果如图5-46所示。在绘制投影时尽量不要只使用"软画笔"或"硬画笔"，虚实结合才会使画面效果更加丰富。

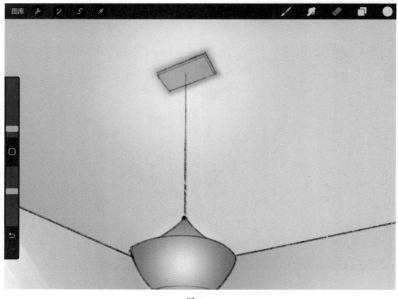

图5-46

03 将窗户、电视机、吊灯、床及床上用品产生的投影都绘制出来，如图5-47所示。由于所有投影都是使用"硬画笔"绘制的，没有细节效果，整体画面显得有些呆板。

图5-47

04 使用"涂抹"工具 将硬边柔化，图5-48所示的床体投影就是涂抹后的效果。

05 最后检查一下各部分的投影效果并进行调整，大面积投影的边缘可以处理成柔边，小面积的投影保留硬边即可。最终效果如图5-49所示。

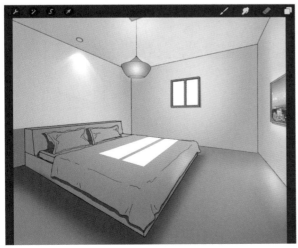

图5-48

图5-49

5.4.2 闭塞

 闭塞是画面中最暗的地方，是不受光照的地方。绘制闭塞时可以直接选择偏黑的颜色，在涂抹时无须全部涂满，需要留一些空间。画笔可以选择"软画笔"或"硬画笔"，这里建议使用"硬画笔"。

01 在被子的边角处使用偏黑色的"硬画笔"进行涂抹，效果如图5-50所示。

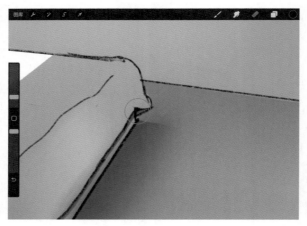

图5-50

02 将所有闭塞绘制出来，如图5-51所示。闭塞等小细节可以增加物体的立体感，为整个画面效果增色。

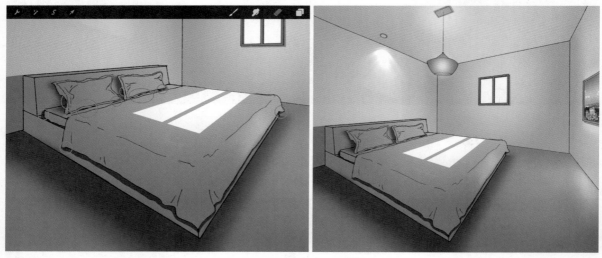

图5-51

第 6 章

室内设计手绘空间构图和流程

优秀的室内空间构图不仅能够合理地安排家具、家电等的摆放位置，还能体现视觉美感，提升室内设计方案的通过率。

本章学习重点

▶ 构图的基础知识

▶ 室内设计手绘常用构图方式

▶ 室内设计手绘中的视觉引导

▶ 室内设计手绘流程

6.1 构图的基础知识

在室内设计中，构图就是将室内物体摆放在合适位置，从而让画面更协调。不同行业中有不同的构图法则，在实际工作中要根据行业的特性灵活使用。

这里举个例子，图6-1所示为3个大小相同的矩形等距排列在一条水平线上，图6-2所示为3个不同大小的矩形按照不同的间距排列在一条水平线上。

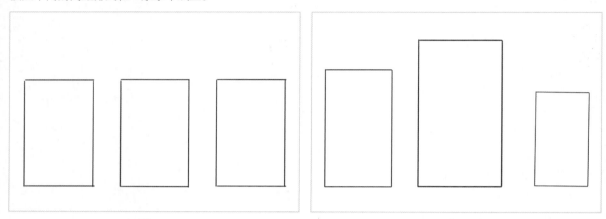

图6-1　　　　　　　　　　　　　　　　　　　　图6-2

图6-1所示的排列方式会使整个画面显得较为呆板，而有了大小区分和间距变化后的排列方式具有动感。不同领域运用的构图法则是不一样的。如果要绘制一张用于宣传的插画，那么不规则的排列方式会更具美感。而在建筑领域，密集型的商品房按照规则的排列方式进行排列会给人安定、稳固的感觉；如果使用不规则的排列方式，那么整个住房区会显得参差不齐，还会影响各楼栋之间的通风采光。

6.2 室内设计手绘常用构图方式

室内空间中家具、家电等的摆放位置会根据其实用性进行布局，而非优先考虑构图，所以室内设计手绘中的构图方式实际上是摄影机的摆放角度问题。

当确定好摄影机的摆放位置后，就可以根据可控的室内物品进行室内构图了。可控的物品有盆栽、抱枕等装饰品，这些物品没有摆放位置的局限性，可用于构图，而沙发、电视机、吊灯等物品的位置是固定的。

6.2.1 左右对称构图

左右对称构图在室内设计手绘中应用广泛。图6-3所示为一点透视下的左右对称构图，摄影机位于画面水平方向的中心位置。假设这个场景的总高度为2800mm，那么可以将摄影机放置在900mm高度处。这种构图方式适合应用于任意的室内空间，画面稳定且具有整体感。

01 假设这是一个客厅，先将吊灯、电视柜、沙发等固定位置的物品摆放好，如图6-4所示。

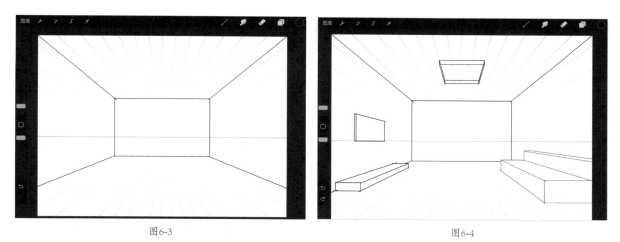

图6-3 图6-4

02 目前画面两侧的物体在视觉上较为均衡，符合左右对称的构图方式。现在将茶几放在正中间，此时两侧物体的视觉比重相差不大，如图6-5所示。

03 将茶几向右移动一些，此时的画面重心偏右，效果如图6-6所示。由此可知，室内空间中可移动物品的摆放位置会给室内构图带来较大的影响。

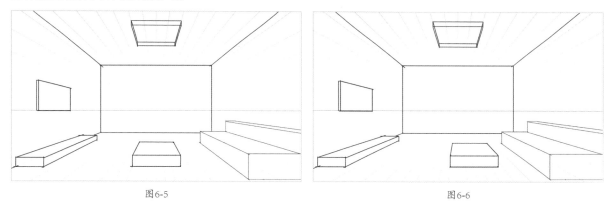

图6-5 图6-6

04 如果想将茶几和沙发摆放得近一些，那么可以在画面左侧摆放一些可移动物品，如植物等装饰品，以此形成视觉平衡，如图6-7所示。

以上是左右对称构图在一点透视的室内空间中的使用效果，在两点透视的空间中这种方法也同样适用，如图6-8所示。左右对称构图常应用于两点透视下的小型空间，如卧室、书房等。

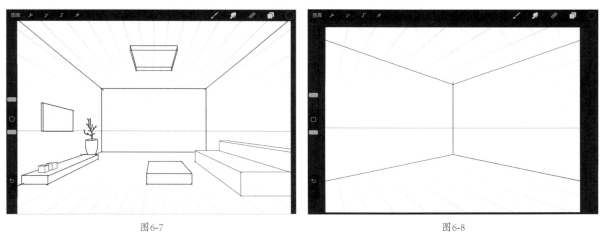

图6-7 图6-8

6.2.2 黄金分割构图

黄金分割构图并不适用于所有场景，通常应用在一些空间较大的场景中，如商场、卖场、大会议厅等。

图6-9所示为黄金分割示意图，按照此比例进行分割的画面会产生美感。不同设计师对黄金分割的用法各有不同，这里将黄金分割法和Procreate室内设计手绘相结合，以构建出具有美感的画面。

01 创建一个具有黄金比例的画布，设置"宽度"为1618px，"高度"为1000px，如图6-10所示。

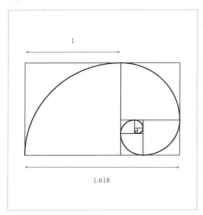

图6-9

图6-10

02 开启"2D网格"辅助线，将黄金分割示意图绘制出来，如图6-11所示。

03 绘制两点透视下的黄金分割构图。打开"编辑绘图指引"，选择"透视"，将画面设置为两点透视，如图6-12所示。

图6-11

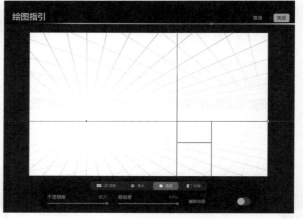

图6-12

04 将视平线与横向的分割线重叠，确保视平线处于黄金分割位置，如图6-13所示。右侧的透视点要落在画布边缘位置，左侧的透视点调整至以垂直的黄金分割线为对称轴的另一侧，如图6-14所示。这样透视辅助线就设置好了。

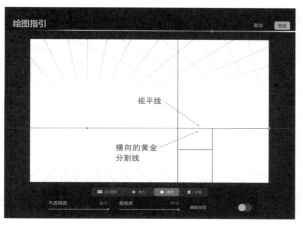

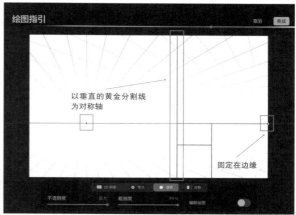

| 图6-13 | 图6-14 |

05 此时黄金分割线就绘制完成了，如图6-15所示。找到图6-16所示的点*A*（黄金分割点），过点*A*绘制一条透视线，如图6-17所示。

06 在距离左侧边缘四分之一的位置上绘制一条垂直线，这条垂直线与下方透视线相交于点*B*，如图6-18所示。此处运用的原理与第2章中两点透视的常用角度原理相同，并非完全按照黄金分割比例划分。

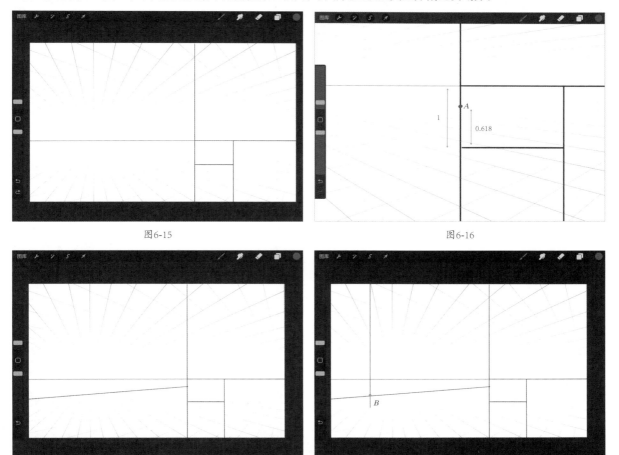

| 图6-15 | 图6-16 |

| 图6-17 | 图6-18 |

07 确定点*A*、点*B*后，即可根据透视辅助线绘制地面，效果如图6-19所示。根据黄金分割比例找到点*C*，如图6-20所示。将剩余的透视线补充完整，如图6-21所示。隐藏辅助线，最终效果如图6-22所示。

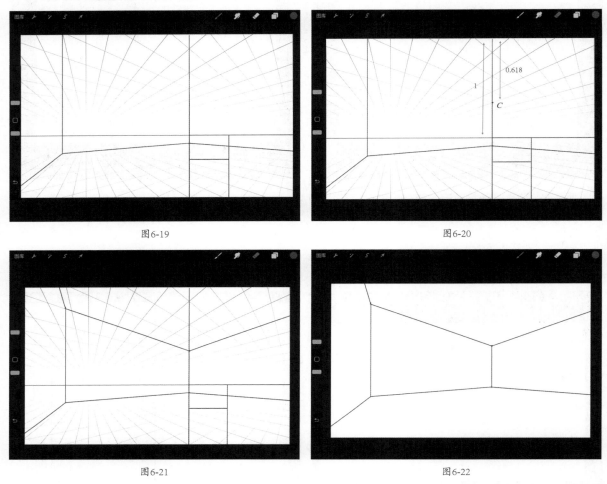

图6-19

图6-20

图6-21

图6-22

08 接下来使用黄金分割构图绘制一点透视场景效果。回到"绘图指引"对话框，将透视点定在黄金分割线的十字交点处，如图6-23所示。

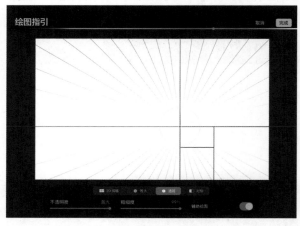

图6-23

09 按照黄金分割法进行分割，找到点*A*、点*B*，如图6-24所示。过点*A*绘制一条水平方向的透视线，并与左侧辅助线相交于点*C*，与右侧的黄金分割线相交于点*D*，如图6-25所示。确定点*C*、点*D*后就可以绘制地面了，如图6-26所示。

10 将其余透视线补充完整，效果如图6-27所示。这就是一点透视下的黄金分割构图法，该方法适合运用在较大的室内空间中。

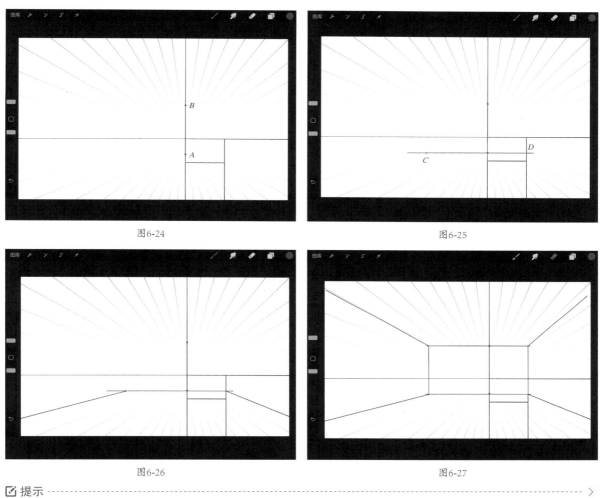

图6-24

图6-25

图6-26

图6-27

☑ 提示 --->

常见透视角度与左右对称构图或黄金分割构图法相结合就能够绘制常见的室内空间场景了。

6.2.3 近景/中景/远景

在同一个画面中，近景、中景和远景不一定都会出现，有些画面只需要一个景，有些画面需要两个景，而有些画面中3个景都存在。设计场景的重点在于将需要着重表现的景强化，将次要的景弱化，这样画面才有重点和层次感。

图6-28所示的画面中包含近景、中景、远景。近景是沙滩上的太阳镜、太阳帽、饮料等，中景是椰子树，远景是远处的云和大海。很明显，这是一个以近景为主的画面，中景和远景需要虚化处理。

图6-28

图6-29所示的画面中包括近景、中景、远景。近景为大片的花草，中景为动物，远景为山。画面的主角是中景处的动物，由于摄影机摆放的位置较低，因此能够清晰地看到前景中的部分画面。如果不进行处理，大面积的花草会抢占主视觉区域。这里对前景中的花草和远景中的山进行了模糊处理，以凸显中景处的动物。

图6-29

图6-30所示为一张远景图，注意观察这张图，建筑后面还有山和云，相比建筑来说距离更远。为了表现画面的层次感，需要对远处的山和云进行模糊处理，从而衬托出建筑。

图6-31所示为一张近景图，图中距离相对较远的衣服和手机都做了虚化处理，以此形成层次感。由此可知，近景、中景、远景并不是绝对的，而是相对的，想要得到更远或更近的景，可以通过模糊和虚化的方法来衬托主体。

图6-30

图6-31

室内设计中的近景、中景和远景相对来说简单一些，大部分都以中景呈现，不会刻意表现窗外远处的景色，也不会刻意表现某个近距离的特写。一般的绘制方法是清晰地表现室内空间中的物体，从而体现出整体的装修设计效果。如果场景中有相对较远的物体，无须进行模糊处理，与中景保持相同的清晰度即可。如果是带有窗外景色的远景，那么对窗外的景色进行模糊处理即可。

图6-32所示为一个带有窗户的中远景，此时远景还未做模糊处理，窗外景色清晰且饱和度较高，比较抢眼。对远景处的窗外景色进行模糊处理并降低饱和度，此时视觉重心就落到了中景处的家具上，效果如图6-33所示。

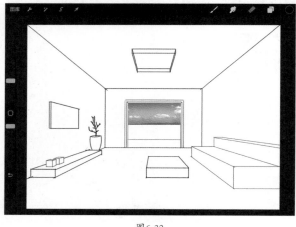

图6-32

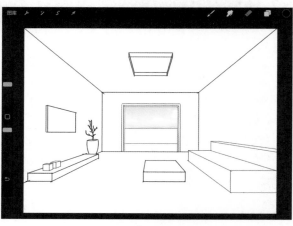

图6-33

为了让画面更有层次感且不会遮挡过多的场景或重要物品，可以添加一些前景植物，并进行虚化处理，如图6-34所示。

图6-34

6.3 室内设计手绘中的视觉引导

在绘画中，视觉引导起到引导读者阅读顺序的作用。一幅作品看起来杂乱，很大一部分原因在于该作品的视觉引导关系混乱或没有视觉引导，使人阅读困难并产生阅读疲劳。如果有了视觉引导，那么就可以清晰地知道画面中的重点信息。

对于普通绘画来说，视觉引导的方法较多，而对于室内设计手绘来说，由于室内空间中摆放的物体是相对固定且有一定规律的，因此视觉引导的方法较为局限。例如，一些画家在绘画中会用流动的曲线来引导画面中的视觉走向，同样的方法应用到室内设计中却是不可行的。

在普通绘画中，视觉引导可以起到美化作品的作用，而在室内设计手绘中可能还可以达到商业性的目的。举个例子，如果客厅中有一根柱子，并以尖角的形式呈现，客户对柱子的关心程度远大于对其他地方的关心程度，那么设计师可以以这根柱子为视觉中心来满足客户的需求。

常见的突出视觉中心的方法有冷暖对比、灰纯对比、明度对比和虚实对比。

6.3.1 冷暖对比

现在有6个冷色调的圆，它们的色相、饱和度和明度是相同的，如图6-35所示。在忽略位置优势（靠近画布中间的圆在视觉上排列靠前）的情况下，6个圆是相同的，没有重点展示对象。

图6-35

将其中一个圆的颜色修改成暖色调的颜色，其饱和度、明度保持不变，效果如图6-36所示。很明显，此时暖色调的圆就成了视觉中心，能快速吸引人的目光。

　　将暖色调的圆修改为冷色调，同样能突出主体，如图6-37所示。由此可见，冷暖对比是相对的，冷暖强度不同在视觉上形成的差异也不同。

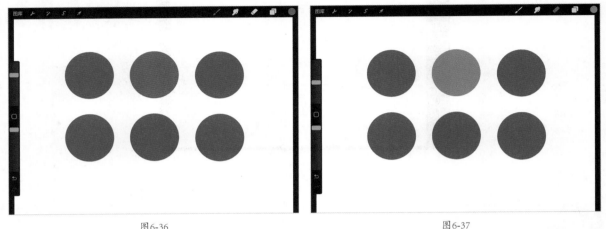

图6-36　　　　　　　　　　　　　　　　　　　　图6-37

　　假设要绘制一个中式客厅的效果图，大部分家具会采用偏暖色调的木材。如果客户对木沙发茶几组合较为重视，那么可以在木沙发茶几组合上放置一些可移动的物品，如偏冷色系的抱枕、坐垫、图书、茶托等。

6.3.2　纯度对比

　　同样以圆为例，将其中一个圆的纯度（饱和度）降低，效果如图6-38所示。由此可见，通过纯度对比同样可以突出视觉中心。

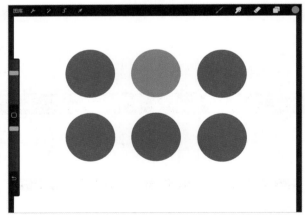

图6-38

　　假设在室内空间中，摄影机可以拍到3个方向上的墙面，3面墙都刷上了黄色的墙漆。如果客户比较重视电视机背景墙的设计效果，那么可以通过改变电视机背景墙颜色的纯度来进行对比突出。

6.3.3　明度对比

　　仍以圆为例，将其中一个圆的明度降低同样可以突出视觉中心，效果如图6-39所示。

图6-39

明度对比在室内设计手绘中比较常用，通过灯光就可以形成明度对比。如果要突出电视机背景墙，那么可以绘制一束从窗外照射进来的光打到电视机背景墙上，以此形成明度对比。

6.3.4 虚实对比

用"高斯模糊"或"涂抹"工具将其中一个圆虚化，效果如图6-40所示。或者将其他5个圆虚化，也可以衬托主体，如图6-41所示。

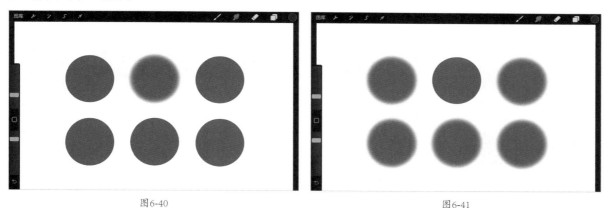

图6-40   图6-41

在室内设计中，虚实对比常用于表现投影的虚实变化，如果想让视觉重心落在某个物体上，那么可以将该物体的投影以硬边呈现，其他物体的投影以软边呈现，从而形成虚实对比。

6.4 室内设计手绘流程

在了解了Procreate的基本操作和室内设计手绘的相关绘制方法后，本章将带领读者进行真实案例的演练。

6.4.1 Procreate在实际工作中的核心作用

一般情况下，室内设计项目的大致流程是：与客户初步交流→上门量房出平面图→定初步方案→客户交付订金→绘制效果图→签约→绘制施工图。其中绘制效果图这一环节是较为重要的，效果图能直观地展现出装修后的室内效果，也是顾客决定签约的关键。

3ds Max是做室内效果图的主流软件，修改方案快捷便利，效果真实。那么为什么要使用Procreate来绘制室内效果图呢？最大的优点在于其可移动办公。大部分设计师上门量完房后，需要回到公司才能绘制平面图，然后构思设计方案，再拿出一些参考图或简单的手绘稿与客户进行沟通，这种沟通方式效率低且会给客户带来较差的体验。

因此Procreate的核心作用是让设计师在上门量房阶段快速地将想法与方案绘制出来，并当场与客户进行交流，提高沟通效率。其次可以将客户提出的想法和意见即刻绘制出来，极大地提升了客户的体验，还能充分展现自身的工作能力和认真负责的态度。

6.4.2 以客厅为例的室内设计手绘流程

以一个客厅设计项目为例，假设已经量房完毕，需要绘制简单的效果图。

绘制效果图的方式通常有两种，第1种是先绘制平面图，再根据平面图转手绘效果图。第2种方式是直接拍摄照片，在照片上进行效果图绘制。经验丰富的设计师可以直接绘制效果图，而新手设计师在没有完全把握透视关系的基础上最好不要直接进行效果图绘制。

这里讲解第1种绘图方式，第2种绘图方式会在后续案例中详细讲解。

1. 平面图绘制

01 点击菜单栏中的"操作"工具，打开"绘图指引"，接着点击"编辑绘图指引"，如图6-42所示。

02 进入"绘图指引"对话框，选择"2D网格"，并打开"辅助绘图"，最后点击"完成"，如图6-43所示。

图6-42

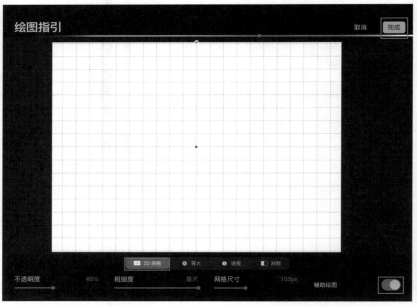

图6-43

03 开启"2D网格"后要注意，设置网格线颜色的位置在界面上方，且在点击"完成"按钮 完成 时要避免点击到下方的颜色条。这里将网格线条颜色设置为红色，如图6-44所示。

04 设置"网格尺寸"为100px，如图6-45所示。通过调整"网格尺寸"参数值来调整网格的疏密，一般情况下笔者会将一格网格当作500mm，以此来调整网格的疏密，读者可以按照自身的需求设置。

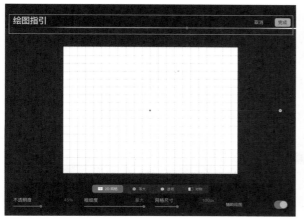
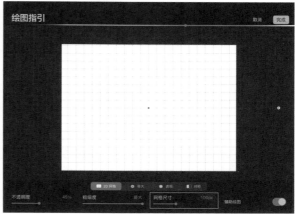

图6-44   图6-45

05 基本参数设置完成后，根据量房数据绘制出一个5000mm×4000mm的客厅平面图，如图6-46所示。右上角的矩形代表500mm×500mm的柱子，左上方的线段代表落地窗的宽度，由于落地窗右侧与柱子相贴，因此无法看到平面展示效果。具体使用什么类型的笔刷，大家可以根据自己的喜好进行选择，这里选择了"着墨"中的"工作室笔"，如图6-47所示。

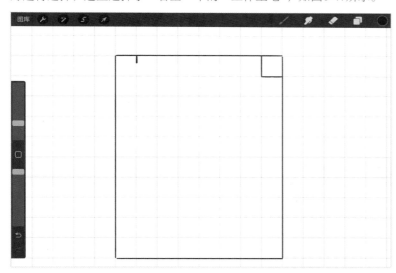

图6-46

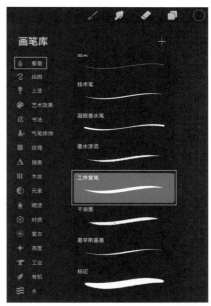

图6-47

06 绘制平面图时无须将墙体的厚度绘制出来，画面效果简单、干净，不影响后续效果图生成即可。客户的想法是将右侧墙面作为电视机背景墙，同时能够将右上角的柱子进行设计处理，左侧的墙面则作为沙发背景墙，整体效果简约即可。这里将柱子与电视柜设计在一起，绘制出平面图，如图6-48所示。

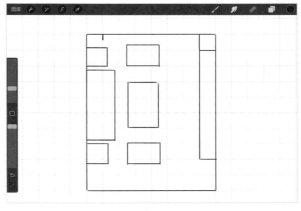

图6-48

137

2. 室内空间绘制

01 有了平面图就可以确定场景的透视关系了，这里以左右对称的一点透视来进行绘制。首先绘制出摄影机正面对应的墙体。隐藏平面图，然后新建一个图层，绘制一个4000mm×2800mm的矩形，2800mm代表客厅的高度，如图6-49所示。

02 落地窗在画面中的占比直接影响到其他墙面在画面中的占比情况。假设现在要将整个室内空间放置到画面中，可以将画面缩小使矩形位于图6-50所示的位置。根据绘图经验，在水平方向上将画面三等分，即可形成一个较为经典的一点透视关系。

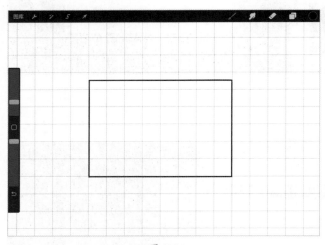

图6-49

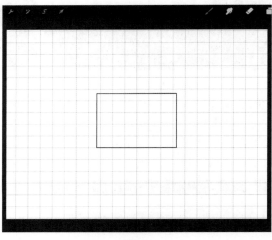

图6-50

03 进入"绘图指引"对话框，选择"透视"，创建一个透视点，如图6-51所示。这个透视点在高度为2800mm的矩形中高900mm。

04 结合透视辅助线、平面图及落地窗所在的墙体将整个场景空间绘制出来，如图6-52所示。

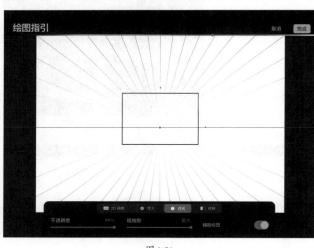

图6-51

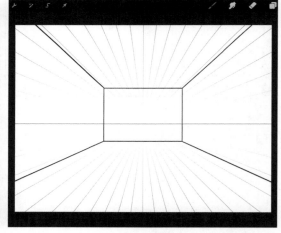

图6-52

05 显示平面图，通过变形将平面图的一边与地板的一边对齐，如图6-53所示。

06 用"扭曲"功能将平面图完全贴合到地面上。由于靠近摄影机这一侧的边是看不到的，因此只需要将平面图与地板的三条边保持贴合即可，如图6-54所示。

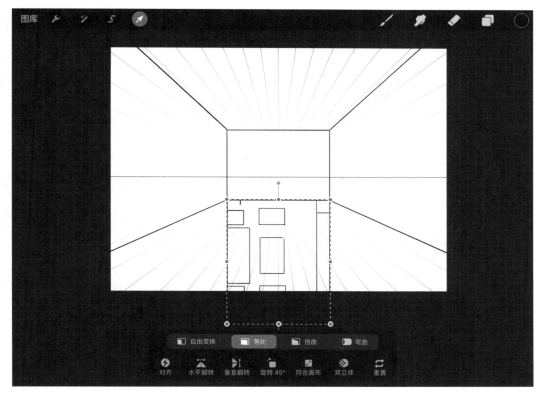

图6-53

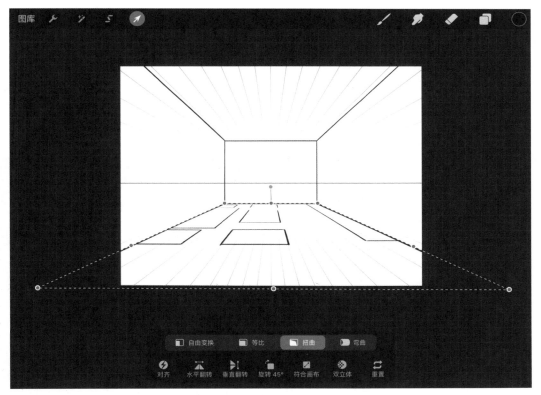

图6-54

07 由于此时的整体视野距离摄像机较远，因此使用"扭曲"功能调整平面图，从而拉近视野，减少摄影机前的留白区域，如图6-55所示。返回绘制界面，此时室内空间占据了整个界面，如图6-56所示。

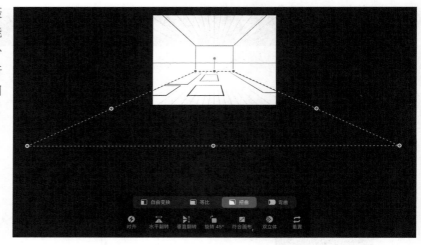

图6-55

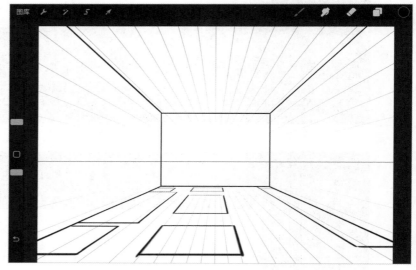

图6-56

3. 线稿绘制

01 将所有图层的"不透明度"调低，然后新建"线稿"图层，如图6-57所示。

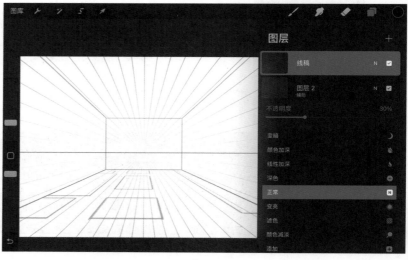

图6-57

02 根据辅助线将客厅的结构线绘制出来，包括墙体、落地窗和柱子，如图6-58所示。在绘制时可以将多余的线条擦除，避免在绘图时产生混乱，如图6-59所示。

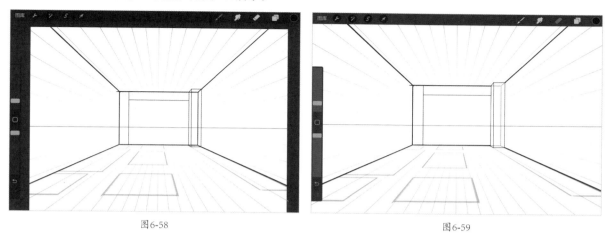

图6-58   图6-59

03 将硬装部分绘制出来，包括落地窗、吊顶及电视柜。首先绘制落地窗，注意落地窗是有厚度的，要在透视中表现出来，如图6-60所示。最后绘制落地窗处的移动门，如图6-61所示。

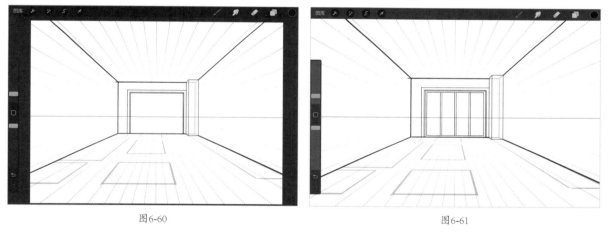

图6-60   图6-61

04 客户希望对客厅的柱子进行设计处理，这里将柱子与电视柜连接在一起，让柱子与电视机背景墙融为一体，效果如图6-62所示。

05 在电视机背景墙的顶部绘制一层吊顶，如图6-63所示。

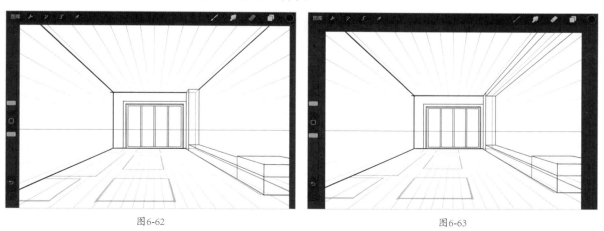

图6-62   图6-63

06 在顶部绘制一圈石膏线，将柱子划分到电视机背景墙区域，如图6-64所示。此时硬装部分就绘制完成了，检查一下细节部分，最终效果如图6-65所示。

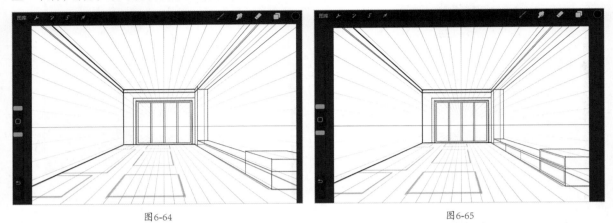

图6-64　　　　　　　　　　　　　　　　　　图6-65

07 在室内空间中绘制家具、家电。建议将每一个物品单独绘制在一个图层中，方便后期移动位置或调整大小，同时关闭"绘图指引"，方便绘制任意的线条。这里以沙发为例，首先绘制一个立方体，由于平面图中已经有了沙发的参照尺寸和位置，现在只需要确定沙发的高度即可，效果如图6-66所示。然后使用单体模型的绘制方法将整个沙发绘制出来，效果如图6-67所示。

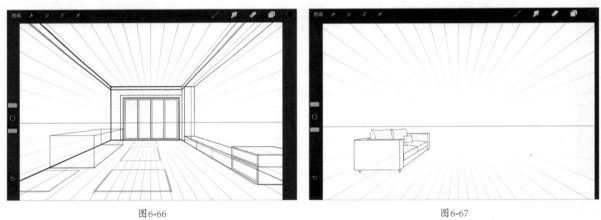

图6-66　　　　　　　　　　　　　　　　　　图6-67

08 按照上述方法将其他家具和家电绘制出来，隐藏透视线，如图6-68所示。将多余的线稿隐藏，效果如图6-69所示。建议保留全部的线稿，方便后期修改。

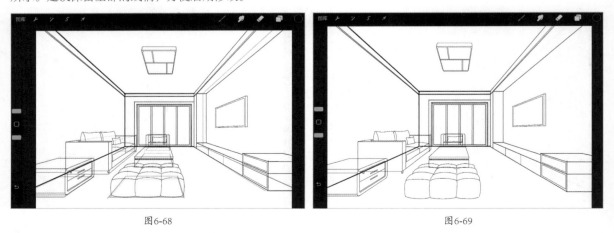

图6-68　　　　　　　　　　　　　　　　　　图6-69

09 绘制台灯、筒灯、地毯和装饰品，效果如图6-70所示。将多余的线稿擦除，最终效果如图6-71所示。

图6-70

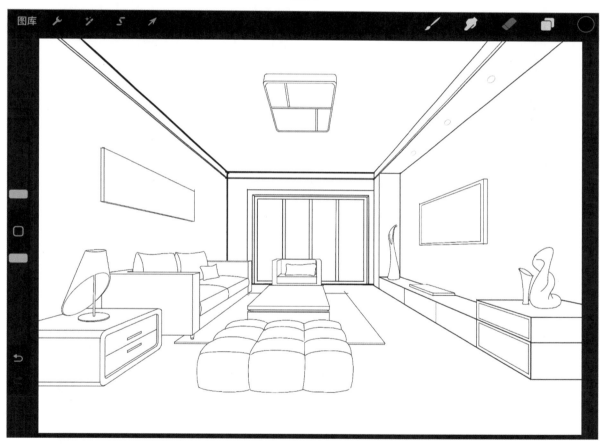

图6-71

4. 效果图制作

在开始上色之前，建议读者将透视辅助线显示出来，核对一下线稿有没有误差，透视关系是否正确。如果想再加一些小装饰，那么可以在后续上色时直接使用色块或导入贴图素材。

在上色过程中，每种材质最好单独放在一个图层中。不同设计师的绘制过程和习惯或多或少会有一些差异，这里介绍一下笔者常用的上色流程，即"涂抹底色→丰富色彩信息→制作光效→制作投影、闭塞和暗部→制作高光和反射→查漏补缺"。这里将涂抹底色与丰富色彩信息这两步放在一起进行讲解。

涂抹底色+丰富色彩信息

01 点击最上方的图层，然后选择"向下组合"，将所有线稿图层编组，如图6-72所示。将编组后的线稿图层复制一份，方便后期修改，如图6-73所示。

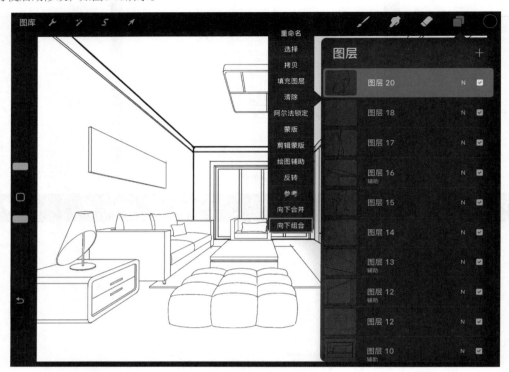

图6-72

图6-73

02 新建"墙漆"图层，然后移动至"合并线稿"图层的下方，如图6-74所示。选择米黄色的"硬画笔"给墙面上色，如图6-75所示。

图6-74

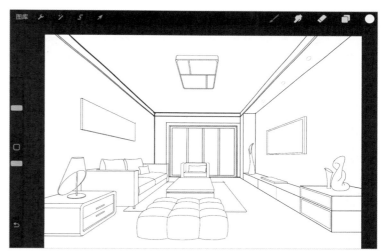

图6-75

03 在"墙漆"图层上方新建一个图层，并创建"剪辑蒙版"，然后在这个图层中绘制墙漆的色彩变化。离窗户较远的墙面使用颜色稍暗的"软画笔"进行涂抹，整体效果如图6-76所示。这里不仅做了明暗上的变化，还做了色相上的变化。由于自然光可从落地窗处照射进来，因此在靠近窗户的位置涂抹了一层蓝色。

图6-76

04 为部分家具绘制木纹材质。新建一个图层，用米黄色的笔刷为木质家具上底色，如图6-77所示。新建一个图层并放置于"墙漆"图层的上方，然后创建"剪辑蒙版"，选择一个木纹笔刷绘制木纹效果，如图6-78所示，涂抹时要注意纹理走向，及时进行调整。

图6-77   图6-78

05 新建一个图层，选择合适的笔刷处理明暗关系，丰富画面效果，如图6-79所示。

图6-79

06 按照上述方法为电视机背景墙绘制大理石材质的纹理效果，如图6-80所示。大理石墙面的拼接缝要使用深色的画笔勾勒出来，如图6-81所示。然后处理明暗关系，远离窗户的位置暗一些，在靠近窗户的位置涂抹一些蓝色，如图6-82所示。

图6-80

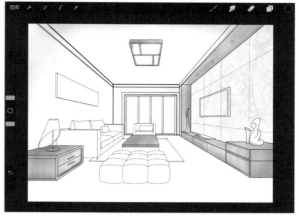

图6-81

图6-82

07 以灰紫色为底色给沙发上色，如图6-83所示。选择
一个布料纹理的笔刷，颜色比底色深一些，然后给沙发
涂抹布料纹理，如图6-84所示。接着做一些色彩变化，
对沙发的死角、背光面及凹陷的地方进行加深处理，如
图6-85所示。

图6-83

图6-84

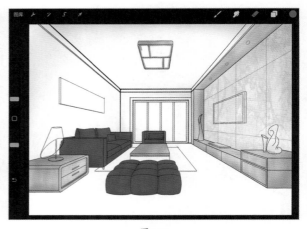

图6-85

08 将茶几侧面、电视柜柜门等涂抹为黑色,并调整颜色的明暗变化,如图6-86所示。

09 选择较浅的颜色为落地窗边框上色,在靠近柱子的一侧涂抹一层较为明显的蓝色,以起到视觉引导的作用,冷色调的落地窗和暖色调的柱子形成冷暖对比,从而衬托出柱子的设计效果,如图6-87所示。

图6-86

图6-87

10 地板的颜色设置为米白色,并选择地砖纹理笔刷进行涂抹,效果如图6-88所示。然后处理颜色的明暗变化并绘制砖缝线,如图6-89所示。挂画和地毯的绘制过程就不展开讲解了,绘制前后对比效果如图6-90所示。

图6-88

图6-89

图6-90

11 家电和装饰品的处理方法相同。这里需注意：吊灯是开启状态，需要添加自发光；台灯为关闭状态，灯罩为布料材质；电视机未开启，屏幕为黑色。效果如图6-91所示。

图6-91

12 为落地窗添加外景贴图，并将贴图做模糊处理，效果如图6-92所示。此时空间内的所有家具、家电都被赋予了颜色和材质，上色流程中的涂抹底色和丰富色彩信息这两步就完成了。

图6-92

制作光效

01 新建"环境"图层并放置于图层列表的底部，然后为该图层填充冷灰色，设置图层模式为"正片叠底"，效果如图6-93所示。这一步操作的目的是统一画面整体的调性，弥补因色彩搭配不当而产生的不协调感。将图层的"不透明度"设置为30%，效果如图6-94所示。

图6-93

图6-94

02 新建"光效"图层用于制作光效，设置图层模式为"颜色减淡"，如图6-95所示。绘制过程中需要将"软画笔"和"硬画笔"搭配起来使用，实现"软硬兼具"的效果。在柱子上涂抹较暖的颜色，与窗外冷色调的天空形成冷暖对比。同时太阳光照射在柱子上，形成了明显的明暗交界线，可起到视线引导的作用。

图6-95

03 将"光效"图层的图层模式设置为"正常",然后隐藏其他图层,就可以看到绘制了光效的地方,效果如图6-96所示。在绘制光效时只需要将图层模式设置为适合制作光效的模式,然后搭配"软画笔"和"硬画笔"任意绘制光效形状即可。

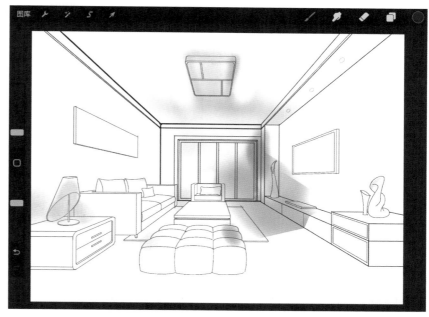

图6-96

04 新建一个图层并设置图层模式为"颜色减淡",然后使用笔刷绘制筒灯处的光效,效果如图6-97所示。画面左侧没有筒灯,却也绘制了光效,这种情况不必过于纠结,不影响画面效果即可。

图6-97

绘制投影、闭塞和暗部

01 新建"投影"图层，并移至"光效"图层的上方，设置图层模式为"正片叠底"，然后开始绘制投影。绘制过程中可以根据自己的经验设置投影的明暗，选择硬边或柔边。沙发投影的效果如图6-98所示。

图6-98

02 按照上述方法将画面内所有的投影绘制出来，效果如图6-99所示。关闭其他图层，只保留"投影"图层，效果如图6-100所示。

图6-99

图6-100

03 新建一个图层用于绘制闭塞效果，直接使用最暗的颜色进行绘制，图层模式设置为"正常"即可。首先绘制沙发角落处的闭塞效果，前后对比效果如图6-101所示，有了闭塞之后物体更有立体感。然后为整体画面添加闭塞效果，最终效果如图6-102所示。

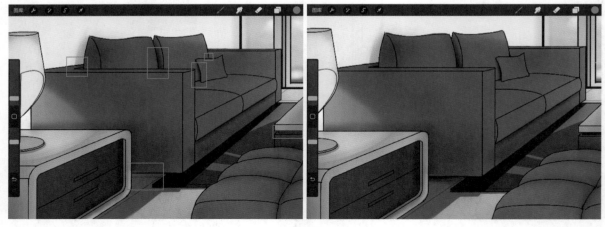

图6-101

图6-102

04 新建一个图层用于绘制暗部，设置图层模式为"正片叠底"。绘制光效之后画面中已经有了明暗效果，这一步是为了将暗部效果加强。如图6-103所示的沙发，这里对其落在地面上的投影及缝隙处都进行了加深处理。

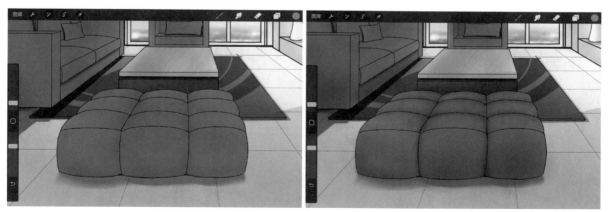

图6-103

制作高光和反射

01 新建一个图层绘制反射效果。反射效果可以用色块来表现，只需要把控好模糊程度和图层的"不透明度"即可。例如，电视机会反射窗外的景色，使用蓝色的笔刷在电视机上涂抹形成投影色块，然后配合使用"擦除"工具 绘制一些模糊的反射效果，如图6-104所示。将其余的反射效果绘制出来，最终效果如图6-105所示。

图6-104　　　　　　　　　　　　　　　　　　　　图6-105

02 新建一个图层绘制高光效果。设置图层模式为"正常"，高光为物体上最亮的部分，如图6-106所示的花瓶中部。将所有需要绘制高光的地方绘制出来，效果如图6-107所示。绘制高光时不一定要使用白色，也可以使用其他颜色，对形状也没有固定的要求。

图6-106　　　　　　　　　　　　　　　　　　　　图6-107

查漏补缺

01 在给客户看效果图前，要检查一下画面中有没有大的错误或需要补充的地方。通过观察，客厅内还缺少一些绿植装饰，新建一个图层绘制绿植，效果如图6-108所示。

图6-108

02 在"光效"图层上方新建图层，用于绘制装饰物。在补充了装饰物后要及时修改投影，以及各物体之间的遮挡关系。添加装饰物的前后对比效果如图6-109所示，画面中的颜色、明暗等信息更加丰富了。

图6-109

细化方案需要一定的时间成本，需要平衡效率和质量之间的关系，合理分配时间。对于商业室内设计手绘来说，无须花费大量时间细化方案，最重要的是提升画面效果，丰富画面信息。即使画面中的透视、颜色、明暗处理得当，如果空间中摆放的东西过少，也会影响呈现出来的最终效果。

　　当然还存在另外一种情况，当空间中的装饰物足够多时，以下两种方式可以增加画面的信息量。

　　第1种：增加色彩的信息量。这种方法有两点局限，其一需要较强的美术功底，其二室内设计手绘偏向客观写实，天马行空的色彩不适合应用在其中。

　　第2种：增加笔刷的信息量。完成效果图绘制后，使用带有纹理的笔刷给画面增加一些纹理效果，从而增加画面的信息量。使用笔刷涂抹时一定要注意把控范围，该留白的地方要适当保留。

　　至此，一幅完整的商业室内手绘设计图就完成了，最终效果如图6-110所示。本案例在制作过程中没有导入贴图素材，在实际工作中可以导入贴图素材，以提升效率，新手练习时可以采用完全手绘的方式来提升自己的绘画能力。

图6-110

第 **7** 章

室内设计手绘商业实训

本章将用卧室毛坯房设计、阳台改建设计及咖啡厅改建设计这 3 个商业实训项目讲解 Procreate 在实际工作中的应用，并补充讲解彩平图的绘制方法。

本章学习重点

▶ 前期准备

▶ 商业实训项目演练

▶ 彩平图绘制

7.1 前期准备

前期准备工作包括绘图储备、客户需求与客观因素及草图绘制这3个方面。

7.1.1 绘图储备

开始实训绘图前，要先厘清需要储备的知识和技能，从而更加清晰地跟进项目。

第1点：熟练使用Procreate软件中的快捷手势和工具，如导入素材、"剪辑蒙版"等常用功能。

第2点：学会整理素材库，包括模型素材图、三视图、材质贴图、材质笔刷、灯光笔刷等。

第3点：熟练掌握一点透视和两点透视在室内设计手绘中的应用。

第4点：掌握单体模型的绘制方法，能绘制出任意角度的单体模型。

第5点：学会分析各种材质的组成元素，掌握绘制材质的逻辑方法而非单独记忆某个材质的绘制方法。

第6点：熟练掌握光效的绘制方法。

第7点：掌握基本的构图和视觉引导方法，并能灵活应用在实际项目中。

第8点：把握商业室内设计手绘绘图流程。

第9点：室内设计相关领域知识储备充足。

7.1.2 客户需求与客观因素

在实际的商业项目中，不能以主观的喜好作为设计目标，而是要根据客户需求和客观因素来进行方案设计。在室内设计行业常常会听到一些有趣的问题，如"为什么设计图绘制得很好，客户却始终不满意？""为什么有些设计图一般，客户却比较喜欢？"

设计方案的好与坏取决于客户的主观意识，在满足客户主观需求的前提下，再表现艺术效果，实现自我的提升。总的来说，就是要在客观的专业知识和客户的主观意识之间取得平衡。

7.1.3 草图绘制

在实际工作中，设计师们通常需要绘制草图。草图是让设计师快速确定大致方案和场景中物体位置信息的载体，因此无须绘制得很精细，如图7-1所示的客厅案例的成品图与草图。

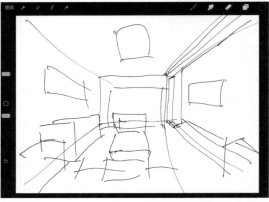

图7-1

7.2 商业实训项目演练

本节分别从设计项目和改建项目进行讲解,从中区分不同类型项目的设计方法。

7.2.1 卧室毛坯房设计

毛坯房的设计项目一般会遇到两种情况,第1种是设计师自由发挥,客户只是简单地提出自己的喜好或大概设计方向。第2种是客户提供一些设计参考图,设计师需根据参考图绘制设计。接下来讲解设计流程和方案。

1. 卧室线稿绘制

01 假设房间是一个规则的长方体,长、宽、高分别为5000mm、4000mm、2800mm,现场量完房后绘制平面图,绘制过程中开启"2D网格"辅助绘图,如图7-2所示。

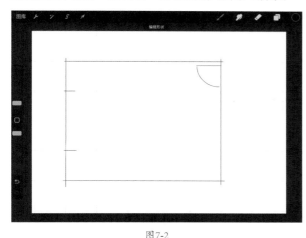

图7-2

☑ 提示 --→

这里需要注意,目前平面图中的4条轮廓边相互交叉,看上去较为随意,类似于手绘效果。后续使用"变形"工具✏️调整平面图时,由于系统抓取的是图形的外部轮廓,因此笔者建议将平面图边缘多余的线条擦除,避免产生系统抓取错误的问题,如图7-3所示。

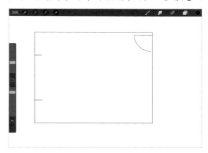

图7-3

02 一般情况下,卧室中的床头背景是设计重点。首先绘制草图,快速地拟定大致方案,如图7-4所示。然后在平面图中确定床的位置和大小,由于该卧室的空间较大,因此可以放置一个2000mm×2000mm的大床,如图7-5所示。

图7-4

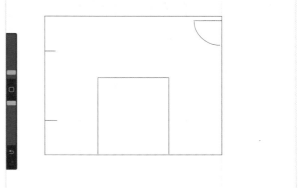

图7-5

03 平面图绘制完成后就可以开始绘制室内空间部分了。首先绘制摄影机正对着的墙面，即床头背景墙，尺寸为5000mm×2800mm，如图7-6所示。然后安排画面占比，由于该案例要着重展示床头背景墙部分，右侧窗户和左侧的墙体无须占据过多画面，因此将矩形调整至图7-7所示位置。

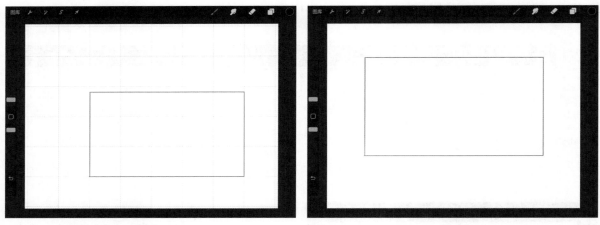

图7-6   图7-7

04 打开"透视"，设置透视类型为一点透视，视平线距地面900mm，如图7-8所示。根据透视辅助线将室内空间补充完整，如图7-9所示。使用"变形"工具 将平面图与地面相贴合，如图7-10所示。

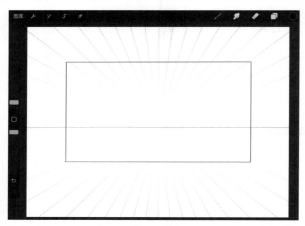

图7-8

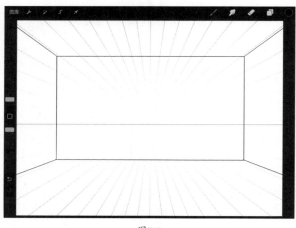
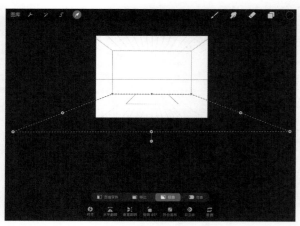

图7-9   图7-10

05 绘制床头背景墙部分，左侧为床头软包，右侧为木条造型的装饰物，将右侧墙上窗帘槽的结构和脚线都表现出来，如图7-11所示。绘制床和床头柜，这里建议先将大型的物品绘制出来，再依次补充小物品。绘制过程中先绘制一个立方体确定大小和位置，再绘制具体的物品，效果如图7-12所示。

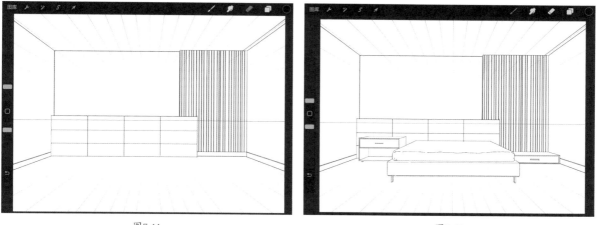

图7-11   图7-12

06 绘制软装部分，包括窗帘、枕头和被子等，如图7-13所示。这里需注意，由于右侧的窗户被窗帘遮挡住了，因此无须绘制具体的窗户轮廓，后续可以用色彩来表现窗户。

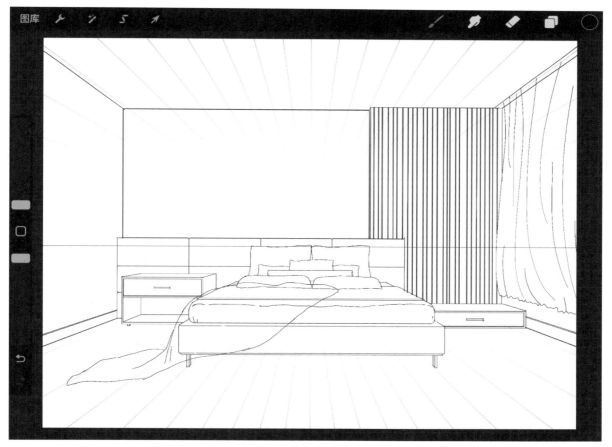

图7-13

07 分别将吊灯和地毯绘制出来，然后在床头背景墙右侧添加一幅装饰画，如图7-14所示。最后添加一些装饰品，读者可以根据自己的喜好自行添加，如图7-15所示。关闭"透视"，最终效果如图7-16所示。

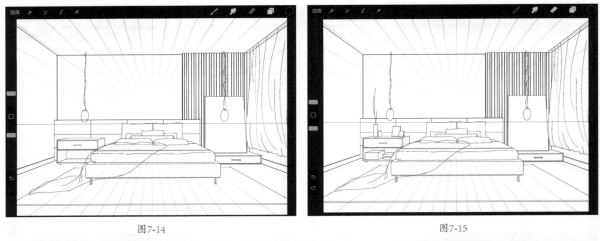

图7-14   图7-15

图7-16

2. 卧室效果制作

效果制作分为6个阶段，在第8章的案例中讲解过，这里就不再多作讲解了。在绘制过程中，优先处理有遮挡关系的部分，如被软包遮挡的背景墙，这样做是为了在新建图层时自然而然地形成先后顺序，无须调整图层的顺序关系。

01 为画面中的物品上色，并绘制相应的材质。画面中的暗部已经表现出来了，只是效果较弱。画面中的地板和装饰画使用了素材贴图，其余物品是使用软件自带的纹理笔刷绘制而成的。如图7-17所示。

图7-17

02 新建一个图层并设置图层模式为"正片叠底"，用于制作光效部分，使用偏冷色调的颜色覆盖整个画面，如图7-18所示。

图7-18

03 新建一个图层，设置图层模式为"颜色减淡"，然后绘制吊灯、床头灯带的光效及窗外进光的效果，如图7-19所示。光效绘制完成后调整画面的光效强弱程度，这里没有固定的要求，根据日常经验处理即可，如图7-20所示。

图7-19

图7-20

04 新建一个图层绘制投影、闭塞和暗部等，设置图层模式为"正片叠底"，效果如图7-21所示。

图7-21

05 新建一个图层绘制高光和反射效果，设置图层模式为"正常"，效果如图7-22所示。最后查漏补缺，优化细节部分，可以添加少量绿植丰富画面，最终效果如图7-23所示。

图7-22

图7-23

改建项目的绘制流程与技法与前面的案例相差不大，相关差异会在案例演示中详细讲解。一般情况下，改建项目的客户都有自己的改造想法，然后请设计师进行设计。简单来说，设计师绘制的方案要与客户的想法一致。

首先将实际场景效果拍摄下来，在拍摄时要提前确定好角度，方便后期构图。如果要绘制一点透视下的效果图，那么要保持一点透视下的角度进行拍摄，如果要绘制两点透视下的效果图，那么拍摄时就要在两点透视下的角度进行拍摄，本案例的场景实拍图如图7-24所示。

图7-24

本项目的客户有以下几点要求。

第1点： 阳台改造为封闭阳台，只保留左侧的窗户。

第2点： 将右侧房间的窗户封闭起来，修改为实体墙。

第3点： 墙面颜色修改为蓝色，风格偏地中海风格。

第4点： 设计师可自由发挥。

1. 阳台线稿绘制

01 将拍摄的现场照片导入Procreate，如图7-25所示。改建项目的绘制方法有两种，第1种是直接在照片上绘制需要改建的部分，最终呈现出画与照片相结合的效果图。第2种是全部重新绘制，这种方法适用于需要大面积改建的项目。由于本案例的改建区域较大，因此使用第2种方法较为合适。

图7-25

02 打开"透视",设置一点透视的透视辅助线,然后将透视辅助线与阳台保持对齐,如图7-26所示。接下来着手绘制线稿部分,绘制过程中可以将图片的"不透明度"降低,便于查看线稿,效果如图7-27所示。

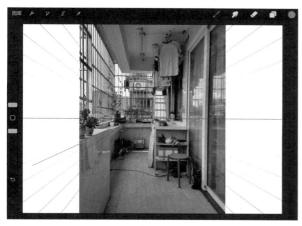

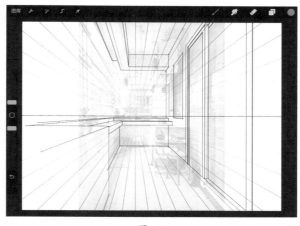

图7-26   图7-27

☑ 提示 --->

　　有了现场照片就无须专门绘制平面图,也无须确定画面占比和视野高度。

03 隐藏照片,将画布左右两侧的多余部分裁剪掉,如图7-28所示。

04 复制一份线稿作为备份,方便后期修改。根据设计需求绘制窗户等物品,如图7-29所示。目前的线稿是基于现场的原有结构绘制的,阳台处原有的重要结构并未发生变化,只需注意洗手台右侧的外露排水管,这里将其包裹了起来,以此美化整个室内空间。

图7-28   图7-29

☑ 提示 --->

　　具体的改造方式要根据实际的房间构造而定,如果客户要拆掉部分围墙,装成防护栏,那么设计师要慎重考虑,一些老旧的房子是不能随意拆除的,否则会留下安全隐患。

2. 阳台效果制作

线稿阶段没有绘制很多的装饰物，在后续制作过程中可以导入贴图来绘制。

01 首先为整体画面上色，然后导入地板贴图和洗衣机贴图。目前画面效果有些失真，洗衣机的贴图亮度过高，如图7-30所示。将洗衣机的亮度调低，效果如图7-31所示。

图7-30

图7-31

02 导入一张天空素材贴图，贴至左侧的玻璃窗处，再复制一份贴在右侧玻璃门上，并进行模糊处理，效果如图7-32所示。

图7-32

03 在实际工作中，素材贴图的使用率较高，读者需要熟练掌握。为其他物品添加纹理贴图的过程就不一一展示了，最终效果如图7-33所示。

图7-33

04 新建一个图层并设置图层模式为"正片叠底"，为画面添加偏冷的色调，无须太暗，只需让地板和吊顶笼罩一层蓝色的光，如图7-34所示。

图7-34

05 新建一个图层绘制吊柜下的筒灯光效及窗外进光效果，设置图层模式为"颜色减淡"，并在左右两侧的玻璃上添加偏红色的暖光，如图7-35所示。

图7-35

06 新建一个图层绘制投影、闭塞和暗部，效果如图7-36所示。有了暗部细节后，画面整体就暗了下来，效果也真实了一些。如果客户喜欢明亮一些的出图效果，那么可以在后期将画面整体提亮。

图7-36

07 新建一个图层用于制作高光和反射部分，使用色块加模糊的方式来制作，效果如图7-37所示。高光主要体现在玻璃上，木材上的反射和高光效果较为微弱。

图7-37

08 最后查漏补缺，修正整体的色彩与亮度，并增加一些植物丰富画面，效果如图7-38所示。

图7-38

7.2.3 咖啡厅改建设计

关于咖啡厅改建项目，客户的主要目的是改建前台背景的货架，有以下3点要求。

第1点： 前台背景要大气一些，同时具有较好的收纳功能。

第2点： 增加一个可手写菜单的位置，方便顾客查看。

第3点： 有一个专门放置咖啡豆的区域。

在阳台改建项目中，笔者重新绘制了场景结构图，而在咖啡厅改建项目中，笔者会直接在照片上进行修改。原咖啡厅场景如图7-39所示。

图7-39

1. 货架线稿绘制

01 调整画布。由于画面左侧会增加一个手写菜单墙，因此可以将画布向左延伸一些，如图7-40所示。

图7-40

02 该场景的透视效果为两点透视，打开"透视"后会发现整个场景无法与辅助线对齐。假设将吊顶右上角的墙角线对齐*x*轴，左上角的墙角线对齐*y*轴，如图7-41所示。将这两条线强行对齐透视辅助线时，画面中的视平线是倾斜的，根据这种透视效果绘制出的场景效果图也将是倾斜的，如图7-42所示。

图7-41

图7-42

03 保持两点透视关系不变，视平线保持水平对齐，将其中一侧的墙角线与辅助线对齐，如图7-43所示。由于目前只需要改建左侧的货架，因此保持左侧墙角线与透视辅助线对齐即可。

图7-43

📝 提示 ------------------------------>

在实际工作中如果遇到此类问题，读者需要灵活应对，要考虑当前室内场景能否允许这种程度的透视错误，而非死守设计规则，一成不变。

04 绘制线稿前先将货架及顶部的射灯擦除，然后将货架部分涂抹为原本的墙体颜色，将顶部的射灯部分涂抹为原本的木条颜色。执行"调整 > 克隆"菜单命令，如图7-44所示，此时画面顶部出现了一个圆，圆选中的部分即要复制的部分。

05 选定要复制的部分后，直接在目标处进行涂抹，这样圆中的图像就会复制到涂抹处，效果如图7-45所示。

图7-44   图7-45

06 用这种方法涂抹货架背景墙和射灯部分，如图7-46所示。降低图层的"不透明度"，然后绘制线稿，如图7-47所示。这里在顶部绘制了柜子，柜子上增加了暗门，可以用作收纳，左侧靠近收银台的柜子门上可手写菜单，木板隔出的木架可用于放置咖啡豆。

图7-46   图7-47

2. 货架效果制作

01 为柜子绘制相应材质，效果如图7-48所示。为了还原真实效果，这里直接将原照片中的咖啡罐摆放在了货架上。

图7-48

02 新建一个图层，设置图层模式为"颜色减淡"，为货架上的咖啡罐绘制光效，效果如图7-49所示。柜子上的筒灯光效暂时先不绘制，后续根据场景需要再进行绘制。新建一个图层，绘制暗部、投影和闭塞部分，效果如图7-50所示。

图7-49

图7-50

03 新建一个图层，在柜子上制作高光和反射效果，如图7-51所示。由于左侧的柜子是用于手写菜单的，因此反射效果不宜太强烈，适当即可。

图7-51

04 查漏补缺。在左侧柜子处放上植物，效果如图7-52所示。将原来的场景照片复制一份，并将吧台部分单独裁剪出来，如图7-53所示。将吧台所在图层移动至图层列表的顶部，此时就形成了一个完整的场景图，如图7-54所示。

图7-52

图7-53

图7-54

05 再次查看画面，发现左下角有遗留下来的半张桌面，可以将桌子放大与画面相融合，最终效果如图7-55所示。

图7-55

7.3 彩平图绘制

  绘制彩平图的主要目的是让客户看清布局，无须像效果图一样模拟装修后的效果。彩平图的绘制方法简单，先绘制线稿然后直接上色即可。有些设计师对彩平图的要求较高，需要体现立体效果，在正常情况下，简单的上色也能满足工作需求。

  通常情况下会使用Photoshop来绘制彩平图，不会在现场直接绘制。如果有外出工作的需求，或者喜欢带着iPad去外面办公的设计师们，就会使用Procreate来绘制彩平图。这里不建议大家直接用Procreate绘制平面图，可以先在AutoCAD中绘制，然后导出平面图，如图7-56所示。

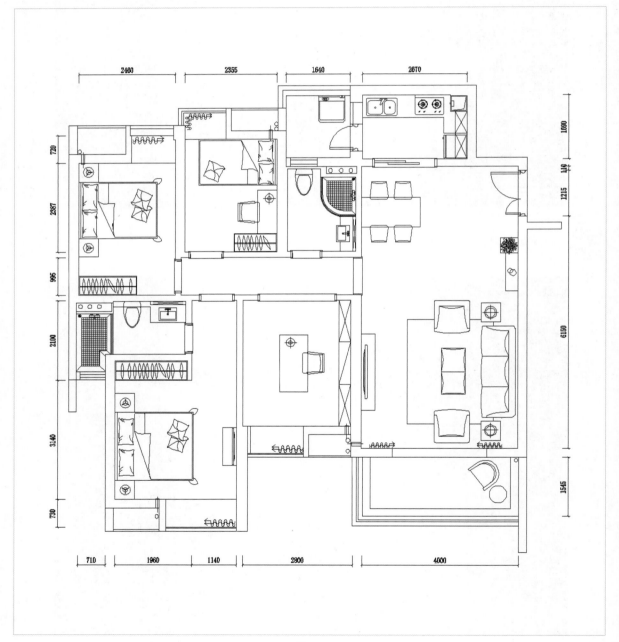

图7-56

01 将平面图导入Procreate，如图7-57所示。现在的平面图是一张图片，如果在这张图片上方上色，那么颜色会直接覆盖平面图；如果在这张图片下方上色，那么平面图会覆盖颜色。

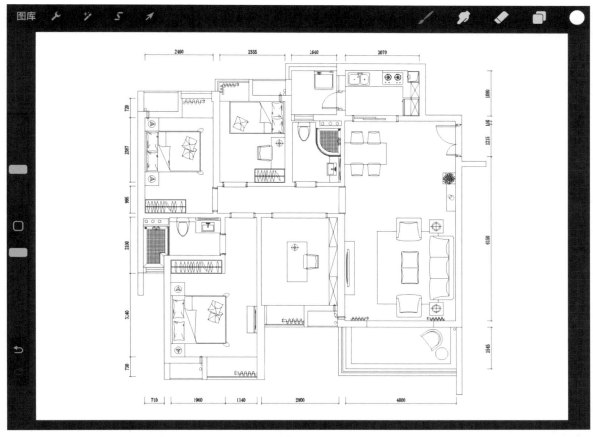

图7-57

02 将平面图所在图层的图层模式设置为"正片叠底"，然后将该图层移动至图层列表的最上方，如图7-58所示。在"上色图层"中任意涂抹，此时平面图和颜色都不会相互覆盖，效果如图7-59所示。

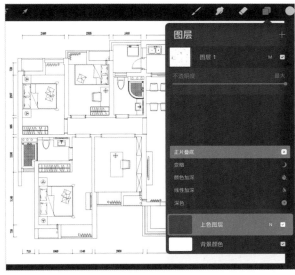

图7-58　　　　　　　　　　　　　　图7-59

03 设置好图层模式后就可以直接上色了，按材质涂抹不同的颜色，带纹理的部分可以直接使用素材贴图，如地砖、地板等，最终效果如图7-60所示。

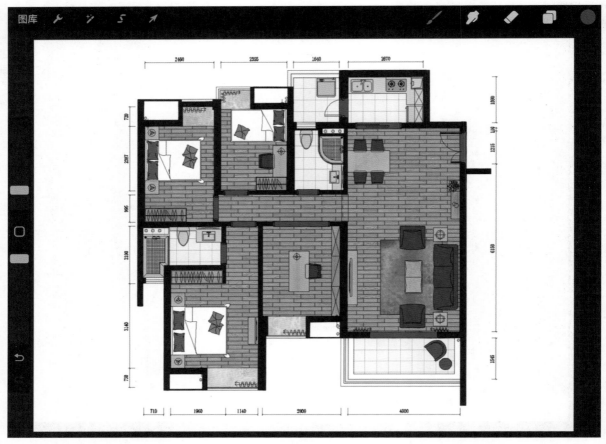

图7-60